中国科普名家名作

ShuXueYingYangCai

趣味数学专辑·典藏版

谈祥柏教授献给少儿的礼物

数学营养菜

谈祥柏◎著

U0278192

中国少年儿童新闻出版总社
中国少年儿童出版社
北京

图书在版编目（CIP）数据

数学营养菜（典藏版）/ 谈祥柏著 . — 北京 : 中国
少年儿童出版社 ， 2012.1（2024.7重印）
（中国科普名家名作·趣味数学专辑）

ISBN 978-7-5148-0430-0

Ⅰ . ①数… Ⅱ . ①谈… Ⅲ . ①数学—少儿读物 Ⅳ .
① 01—49

中国版本图书馆 CIP 数据核字（2011）第 243325 号

SHUXUE YINGYANGCAI（DIANCANGBAN）
（中国科普名家名作·趣味数学专辑）

出版发行：中国少年儿童新闻出版总社
中国少年儿童出版社

执行出版人：马兴民

策　　划：薛晓哲	著　者：谈祥柏
责任编辑：许碧娟 董 慧 常 乐	封面设计：缪 惟
插　　图：安 雪	责任校对：杨 宏
责任印务：厉 静	

社　　址：北京市朝阳区建国门外大街丙 12 号　　　　邮政编码：100022
总 编 室：010-57526070　　　　　　　　发 行 部：010-57526568
官方网址：www.ccppg.cn

印刷：北京市凯鑫彩色印刷有限公司

开本：880mm×1230mm 　　1/32　　　　　　　印张：7.5
版次：2012 年 1 月第 1 版　　　　　　　印次：2024 年 7 月第 23 次印刷
字数：105 千字　　　　　　　　　　　印数：155001-163000 册

ISBN 978-7-5148-0430-0　　　　　　　　　　　定价：19.00 元

图书出版质量投诉电话：010-57526069　　　　电子邮箱：cbzlts@ccppg.com.cn

数学营养菜

数学营养菜

目录

数学营养菜

数学营养菜

数学就在我们身边，只要你愿意做一个辛勤的赶海者，你就会发现，脚下点缀着许多美丽的数学贝壳。来，让我们一起赶海去吧！

原来这样简单

有些看起来很难的问题，其实简单得出人意料。

航海家哥伦布，在发现美洲新大陆之后的一次庆功宴上，听到有人说："这有什么难的？叫几个孩子坐了船去，也办得到。"哥伦布当场从桌上拿起一只鸡蛋问："谁能把它立起来？"客人们面面相觑。哥伦布把蛋往桌子上轻轻一敲，蛋壳破了，可鸡蛋，也立起来了！

这个故事，很多人知道。是啊，把鸡蛋敲破，蛋当然能立起来，这个道理3岁小孩都明白。可是，又有几个人能想到这一点呢？

再看这个问题：一根绳子从上面挂下来，下边拴了一个茶杯。要把绳子剪断，又不许茶杯掉下来，你能办到吗?

其实很简单:先打一个带环的结,再把结旁边的环剪断,杯子当然不会掉下来。

数学上也有类似的情形:看似复杂,但如果你能转换思维,换个角度思考问题,你会发现,要解决它其实很简单!

有甲、乙两只杯子。甲杯中有10毫升水,乙杯中有20毫升酒。从甲杯里用滴管取出1毫升水,放入乙杯中,充分搅拌后,再取出1毫升混合液放回甲杯中。问这时甲杯中的酒和乙杯中的水,分量是不是相等?要是不相等,是甲杯里的酒多,还是乙杯里的水多?

　　这个题有些唬人。其实，根本不需要计算，你就能回答：甲杯里的酒和乙杯里的水是一样多的。因为甲杯得到的酒，正好等于它失去的水；而所失去的水，又都在乙杯中。两者非相等不可！

　　当然，这里要有一个假定：水和酒混合后，体积是原来两种体积的和。实际上，要是很淡的酒，这大体上是对的；要是水和酒精混合，体积就会有所减少。

　　还有不少数学游戏，看起来让人惊奇，背后的道理却十分简单。

　　这里有一副扑克牌，除去大、小王共52张，我们把它分成相等的两沓，一沓朝上，一沓朝下，面对面再合到一起。请你随便洗上几次后，再分一半给我。

　　现在，请把你手里的牌一张一张地摊开放到桌子上，数一数，有多少张朝上，比方说有15张朝上。巧不巧？我手里也正好有15张朝上！

　　再玩一次，15可能变成7。这时，我手里也正好有7张朝上！

　　诀窍在哪里呢？

　　朝上的牌共有26张，你手里有15张，我手里剩下11张。注意，我手里的另外15张是朝下的，只要

在你不注意的时候，我把这一半牌翻一下，不就变成
15 张朝上了吗？

当然，也可以随便分出一些，比如分出 20 张朝
上，你洗完之后交还给我 20 张。这样，你手里有多少
朝上的，我手里就有多少朝下的，翻一下，就一样多
了。如果两沓牌不一样多，这游戏更令人惊奇。

这个游戏里有一个别人不易察觉的手法——把牌
翻一下，这是一个技巧问题。下一个游戏可能完全是
真的了。

把一副扑克牌，一张一张红黑相间摆好；再分成
两沓，这两沓不一定相等；最下面的那两张要一红一
黑。请你把这两沓牌随便洗一次，然后交给我。

我把这沓牌放在桌子下面，你看不见，我也看不
见。可是，我可以两张两张地向外拿，而这两张，总
是一红一黑，就像我手上长了眼睛一样。

我不过是从上面拿两张罢了，怎么会出现这种
情况？

说来也很简单。洗牌的时候，总有一张牌先落下
来。比如先落一张红的，第二张不论从哪沓里落下，
总是黑的。因为最下面的两张已经摆好，是一红一黑！

所以，把落下的这两张拿掉，两沓牌的最下面仍然是一红一黑。依此类推，可知这样拿出的两张牌必然是一红一黑的。

要是换一个花样就更令人惊奇。把一副扑克牌先按红心、黑桃、方块、梅花的顺序，一张一张地交错叠好；再从上面一张一张地拿大约 26 张，放在桌子上叠成另一沓，使新的一沓里的最下面一张，恰好是刚才最上面的那张；把两沓牌随便洗在一起，然后从上面取四张，这四张必然花色不同；再四张四张地取，花色仍然不同！

你能说出其中的道理吗？

他该住在哪里

阿布扎比是民族学院的一名学生。说来也巧，他有12个不同年龄的同学，这12个同学的生肖恰好分别是鼠、牛、虎、兔、龙、蛇、马、羊、猴、鸡、狗、猪这十二生肖，既不重复，也无遗漏。这么一来，我们不妨用十二地支（子、丑、寅、卯、辰、巳、午、未、申、酉、戌、亥）来代表这12个人。

学院的宿舍区里，有一条滨河马路，修得笔直，这12个人的宿舍全都在那里。因为他们的年龄、籍贯和习俗都不一样，领导为了照顾他们，分配他们每人各住在一幢楼的一间宿舍里。他们的住处像一字长蛇阵那样摆开，如下图分布在一条直线上：

子 丑 寅 卯 辰 巳 午 未 申 酉 戌 亥

阿布扎比同这 12 个人的关系都很好，闲暇之余，他常到他们的住处串门谈心。现在我问你，要是他到这 12 个人的住处的次数一样多，他的宿舍应当选在哪里，才能使他到各家串门时所走的路最少？

这个题目有些特别。12 个宿舍在图上是没有给出距离数的。这就是说，距离可大可小，随便怎么画都行。

解决这个问题，可以先看最外面的两家子和亥。要是只有这两家，那么，在马路上的什么地方，到这两家的距离和最小呢？当然是连接子和亥这两点的线段上的任何一点（包括子和亥在内）。子亥这一段，在数学上名叫"区间"。

再看紧挨在它里面的一个区间丑戌。很明显，在丑戌这个区间内的任何一点（包括丑和戌在内），到这两家的距离和最小。

现在，你大概已经察觉到：因为在丑戌区间内的任何一点，必然也位于子亥区间内，所以，丑戌区间内的点，到子、丑、戌、亥4家的距离和最小。

下一步该怎么办呢？想来你的心里已经亮堂了：再看位于丑戌区间里的寅和酉，然后照此推理。

经过这样"层层剥笋"，直到最里面的一个区间巳午，于是，你就可以下结论说：在巳午区间内的任何一点（包括巳和午在内），都是符合题目条件的。阿布扎比不妨直接搬进巳或午的宿舍去住。

要是你以后再碰到这样的问题，不管人数是多是少，距离是大是小，道路是直是曲，都不需要作任何计算，就能断言：

一、当人数是偶数时，可以搬到最中间两家中的任何一家去住；

二、当人数是奇数时，必有一定的位置处在中心，那就只能搬进这家去住了。

要是这 12 个人不住在一条线上，而是住在一条大道的一些分支上，那阿布扎比又该住进哪个宿舍呢？

一般说来，解决这样的问题要困难得多。要是允许他在大道旁选个地点盖房子，这个问题又变得容易起来。你能找到答案吗？

小蜜蜂爬蜂房

这里有一排编有号码的蜂房。在蜂房的左上角有一只小蜜蜂，它还不能飞，但会爬。

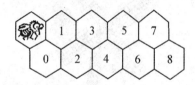

这只笨拙的小蜜蜂，在爬行时遵循一条死板的规则：任何时候都只能向右边爬，从一间蜂房爬到相邻的右边蜂房中去，不能再爬回左边。

现在，请你想想看，小蜜蜂要从最初的位置爬到8号蜂房，共有多少种不同的走法？

当蜂房少的时候，问题很好解决。可蜂房一多，不同的走法就非常多，很容易弄乱，也不容易把全部

答案找出来。要想解决这个问题,就得由简到繁、一步一步来。

很明显,按规则,小蜜蜂从起点到 0 号蜂房只有唯一的一种走法。从起点到 1 号蜂房有两种走法:一种是直接走到 1 号,一种是从起点经过 0 号,再到 1 号。

同样的道理,小蜜蜂从起点到 2 号蜂房的走法共有 3 种:起点→0→2,起→1→2,起→0→1→2。到 3 号的走法有 5 种:起→1→3,起→0→2→3,起→0→1→2→3,起→1→2→3,起→0→1→3。

现在你不难看出,要是小蜜蜂想到 4 号蜂房,那它在此之前,最后一个落脚点不是 2 号就是 3 号。所

以，小蜜蜂到 3 号蜂房不同走法的总数，肯定就是它到 2 号不同走法的总数，与它到 3 号不同走法的总数之和。

这样，你马上就能写出：小蜜蜂到 4 号蜂房不同走法的总数应当是 3 + 5 = 8 种。

根据这种推理，我们可以排出一个表格：

蜂房号码	不同走法总数	
0	1	
1	2	
2	3	(1 + 2)
3	5	(2 + 3)
4	8	(3 + 5)
5	13	(5 + 8)
6	21	(8 + 13)
7	34	(13 + 21)
8	55	(21 + 34)

原来，这只小蜜蜂从起点到 8 号蜂房共有 55 种不同走法。把这些不同走法的总数排成一串——1，2，3，5，8，13，21，34，55，这在数学上是很有名的数

列，叫做斐波那契数列（斐波那契数列有许多美妙的特性。以前华罗庚教授在各地推广优选法时，就常和这个数列打交道，可见它对经济建设很有用处）。

这个数列相邻两项的比，越来越接近那个大名鼎鼎的黄金数 0.618；而且，这个数列每相连 4 项中，中间两项的积和外面两项积的差总是 ±1。你能证明吗？

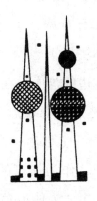

这样称对吗

　　有个糕点店的天平坏了，天平两臂的长度不相等。店主生怕别人说他短斤少两，于是想出了一个他认为很公平的称糕点的办法：

　　他把糕点放在右边的盘中，在左边的盘里加砝码，称出一个斤两数。然后，把糕点又放在左边的盘中，在右边的盘里加砝码，也称出一个斤两数。最后，把这两个数相加除以2，作为糕点的真实重量向顾客收钱。用这个办法，店主认为他买卖公平、老少无欺了。

　　后来，有个顾客想出了一个新办法。他说：要买2斤糕点，先把1斤重的砝码放在左盘，在右盘中不断加糕点，直到天平平衡为止。然后，再在右盘放好1斤重的砝码，在左盘中不断加糕点，也使天平正好平衡。最后，把两次称得的糕点放在一起，按 2 斤收钱。

这两种办法如何？要是你认为都是好办法，那就错了。为什么呢？让我们来算一算：

设天平左右两臂的长度分别是 a 和 b，而且 a 和 b 不相等。根据天平平衡的原理，左边的重量乘上臂长 a，等于右边的重量乘上臂长 b。

照店主的称法，1 斤糕点第一次得砝码重量是 $\dfrac{b}{a}$ 斤，第二次得砝码重量是 $\dfrac{a}{b}$ 斤，所以，砝码共重 $\dfrac{b}{a} + \dfrac{a}{b}$ 斤。可是，当 $a \neq b$ 时，$\dfrac{b}{a} + \dfrac{a}{b} = \dfrac{a^2 + b^2}{ab} > 2$。这就意味着，砝码比糕点的实际重量要重。这样称，店主向顾客多要了钱。

再看顾客的称法，用糕点去迁就砝码。第一次与 1 斤砝码平衡的糕点重量是 $\frac{a}{b}$ 斤，第二次糕点重量是 $\frac{b}{a}$ 斤，由 $a \neq b$ 时 $\frac{b}{a} + \frac{a}{b} > 2$ 可知，此时糕点的重量实际上不止 2 斤了。也就是说，照顾客的称法，店主吃亏了。

有关不等式的一些问题，稍不注意，很容易得出不正确的结论。请看下面两个有趣的问题：

1. 小王和小李赛跑。小王跑得快，他跑到 100 米终点时，小李才跑到 95 米。小李说，你跑得快，让让我吧。于是第二次，小王从起跑线后退 5 米，结果，还是小王先到终点！这是为什么呢？

2. 有个货仓的管理员，为了保持仓内存货的平衡，规定每天上午货物出库，下午按同样的百分比入仓。比如，上午出 10%，下午就进 10%。这样过了一个月，他发现存货越来越少，大吃一惊！要是他马上改为上午先入 10%，下午再出 10%，结果会怎么样呢？

这两个问题，都和不等式有关，请你仔细想想，你能找出原因来吗？

方程想得周到

你相信吗？有的时候，方程比我们更会思考。不信，请看这个问题：

父子两人，爸爸32岁，儿子5岁。问几年后，爸爸的年龄是儿子的10倍？

假如我们设 x 年后爸爸的年龄是儿子的10倍，根据题意列出方程：

$$32 + x = 10(5 + x)$$

解得 $x = -2$。

x 怎么会等于 -2 呢？是方程有问题，还是计算有错误？都不是。"-2"的意思是说，两年前爸爸的年龄是儿子的10倍。事实上，两年前爸爸30岁，儿子3岁，爸爸的年龄正好是儿子的10倍。当你列方程时，

你可能没想到，爸爸的年龄今后不可能再成为儿子年龄的 10 倍，这种情况只有在过去才能成立。

你看，方程不是比我们想得更周到吗？它能提醒你有什么疏忽和漏洞。

再看一个问题：两条铁路成直角相交，两列火车同时向交叉点开过来。一列由离交叉点 40 千米的车站出发，每分钟走 800 米；另一列由离交叉点 50 千米的车站出发，每分钟走 600 米。问经过多少分钟后，两个车头之间的距离最短？这个距离是多大？

这道题比较复杂。你得先画一个图，表示火车运动的情况。如图 1-1，直线 AB 和 CD 是两条交叉的铁路，O 是交叉点；$OB = 40$ 千米，$OD = 50$ 千米；经过 x 分钟，两个车头之间的距离最短，最短距离是 $MN = a$。

这样，

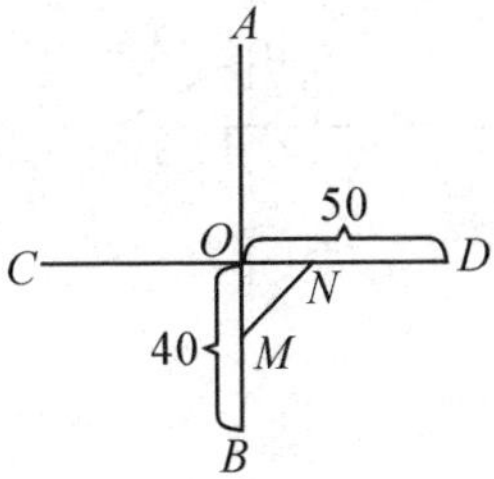

因　　　$BM = 0.8x($千米$)$，

得　　　$OM = 40 - 0.8x($千米$)$。

同理，$ON = 50 - 0.6x($千米$)$。

根据勾股定理，

图 1-1

$$MN = a = \sqrt{OM^2 + ON^2}$$

$$= \sqrt{(40 - 0.8x)^2 + (50 - 0.6x)^2};$$

解得　　$x = 62 \pm \sqrt{a^2 - 256}$。

x 既然表示时间，那它一定是实数。所以，根号里头的式子 $a^2 - 256$，必定大于或者等于 0。当 $a^2 = 256$ 也就是 $a = 16$ 时，a 是最小的数值。

a 既已求出，便可算得 $x = 62$。也就是说，在出发后 62 分钟时，两个车头离得最近。在这个时刻，它们之间的距离是 16 千米。

现在，你来决定车头的位置。先计算长度 OM，它应当等于 $40 - 62 \times 0.8 = -9.6$。出现的负号该怎么解释呢？它表示这列火车开过了交叉点，继续前进了 9.6

千米。

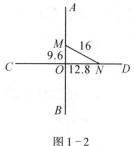

图 1 - 2

同样，可以算出长度 ON，应当等于 $50 - 62 × 0.6 = 12.8$。它表示这列火车还必须再开 12.8 千米才到交叉点。所以，两列火车头的正确位置应当是图 1 - 2 的样子。

这个图，已不是你开头画的那个图的样子了。这岂不是说，方程表现得非常大度。尽管你当初的草图是"闭门造车"，画得很不对头，可它还是给了你正确的答案，并且帮助你纠正了画图时的错误。

方程是你自己列的，图是你自己画的，为什么方程能想到你想不到的情况呢？其实，这是因为你没有把自己的错误想法，列进方程里去。

拿第一题来说，你想的是 x 年后，写的是 $32 + x$。要真的是 x 年后，那 x 必须是正数，可是，你并没有把 $x > 0$ 这个条件，列到方程里去。方程里的 x 可正可负，方程当然不知道你没有告诉它的事。

第二题也是这样。在图 1 - 1 里，N 在 O 点的右边，M 在 O 点的下边，但是，你并没有把这两个条件，

写到方程里去。虽然你是画图后列的方程，可你并没有把图的具体样子告诉方程，方程只知道 $\triangle OMN$ 是直角三角形，不知道 M、N 在上在下、在左在右，自然就老老实实地按要求计算了。

　　要是你把 x 年后的"后"字，和图的位置都列到方程里去，那么，方程只好告诉你"此题无解"了。

盈 不 足 术

　　唐朝有个叫杨损的人，他做尚书的时候，在选拔人才方面很有自己的一套办法。

　　有一次要在两个办事员中提升一个，可是这两个人的种种条件完全一样，令负责人事的官员十分为难，

无奈之下便去请示杨损。杨损经过一番考虑后说："办事员要能计算得快。现在，让他们两个人都来听我出题，谁先得出正确答案就提升谁。"他出的题目是：有人在树林中散步，无意中听到几个盗贼在讨论分赃的问题。他们说要是每人分 6 匹布，就会余下 5 匹；要是每人分 7 匹，又会少 8 匹。问盗贼有几个？布匹有多少？

我们现在可以用方程来解这道题，但古人们用的却是"盈不足术"。这种算法先是出现在《九章算术》一书中，后来在《张丘建算经》一书中得到了推广。其中的一个例子是：今有麻雀和燕子两种飞禽。已知每只麻雀重 33 铢（铢是古代的重量单位），每只燕子重 29 铢。现在共有麻雀和燕子 25 只，共重 781 铢。问麻雀和燕子各有几只？

书中是这样用盈不足术来解的：先任意假定麻雀是 15 只，得燕子是 10 只，算出一共重 $33 \times 15 + 29 \times 10 = 785$ 铢，比题中的已知数多出了 4 铢。然后，再任意假定麻雀是 12 只，得燕子是 13 只，算出一共重 $33 \times 12 + 29 \times 13 = 773$ 铢，比题中的已知数又少 8 铢。接下来，很快就可以求出麻雀和燕子数了。

这样的解法是有数学根据的：

设第一次假定的麻雀数是 a_1，第二次假定的麻雀数是 a_2；盈的数是 b_1，亏的数是 b_2。那么，求麻雀数的公式就是：

$$\frac{a_1 b_2 + a_2 b_1}{b_1 + b_2}。$$

把数代进去，算出麻雀数是：

$$\frac{15 \times 8 + 12 \times 4}{4 + 8} = \frac{120 + 48}{12} = 14。$$

算出了麻雀数，燕子数也就有了。

你可能觉得奇怪：用不正确的答数代进去，倒能得出正确的答数，莫非是一种巧合？

你也可能纳闷：要是两次假定的麻雀数得出的重量都是盈，或者都是不足，是不是也能算呢？

先来回答后一个问题。

假定麻雀是 18 只，得燕子是 7 只，重量较题中的已知数多 16 铢。再假定麻雀是 16 只，得燕子 9 只，重量又多 8 铢。于是按公式 $\frac{a_1 b_2 + a_2 b_1}{b_1 + b_2}$ 排出算式：

$$\frac{18 \times (-8) + 16 \times 16}{16 + (-8)} = 14。$$

这里用了正负数的概念，把第二次的"盈8铢"，看成是"不足 –8 铢"，照套公式，一样适用。

假定麻雀 13 只，燕子当然是 12 只，这时，重量比题中的已知数不足 4 铢。再假定麻雀 10 只，燕子便是 15 只，这时又不足 16 铢。

因为在盈不足术里，第一次把"盈"看做是正确的，第二次又把"不足"看成是正确的，所以，现在要把第一次的"不足4铢"看成是"盈 –4 铢"。代入公式后就得到：

$$\frac{13 \times 16 + 10 \times (-4)}{(-4) + 16} = 14,$$

结果也对。可见，盈不足术算法的公式总是正确的。它同正负数概念一结合，就能把各种情况全都包括进去。你看，数学的作用多奇妙。

这种别开生面的方法后来传到了欧洲，别名很多，比如试位法、推解法、两次假设法等等。

现在来回答前一个问题——为什么盈不足术总是对的呢？

这个问题，可以用解方程的办法来回答。

设麻雀的实有数是 x，麻雀、燕子的实有总重量是

M。很明显，要是麻雀比燕子重 g 铢，那么，多一只麻雀，总重量就是 M 加 g 铢，少一只，就少 g 铢，依此类推。总之，麻雀的增加量（或者减少量）和总重量的增加量（或者减少量）是成正比的。设麻雀为 a_1 时，重量为 $M + b_1$（盈 b_1）；麻雀为 a_2 时，重量为 $M - b_2$（亏 b_2）。

$$\because \qquad \frac{a_1 - x}{b_1} = \frac{1}{g},$$

$$\text{同理} \qquad \frac{x - a_2}{b_2} = \frac{1}{g};$$

$$\therefore \qquad \frac{a_1 - x}{b_1} = \frac{x - a_2}{b_2}。$$

$$\text{解得} \qquad x = \frac{a_1 b_2 + a_2 b_1}{b_1 + b_2}。$$

可见这盈不足术完全符合解方程的道理。

那么古人是怎样找出这种算法的呢？书上没有记载，我们只能这样来推测：

一、盈 b_1，不足 b_2，盈与不足的差距是 $b_1 + b_2$。这个道理不难明白。比如山顶比地面高 200 米，湖底比地面低 50 米，从山顶到湖底就差 $200 + 50 = 250$（米）。

二、这个差 $b_1 + b_2$，是由于所设麻雀数的不同造成的。两次所设麻雀数的差是 $a_1 - a_2$ 只，重量差是

$b_1 + b_2$ 铢，每差一只麻雀，重量差多少呢？用除法可得 $\dfrac{b_1 + b_2}{a_1 - a_2}$ 铢。

三、反过来，当麻雀是 a_1 时，重量比实际重量盈 b_1 铢。既然多一只麻雀盈 $\dfrac{b_1 + b_2}{a_1 - a_2}$ 铢，多几只麻雀才能盈 b_1 铢呢？又用除法，得 a_1 比实际麻雀数多 $\dfrac{b_1}{\dfrac{b_1 + b_2}{a_1 - a_2}} =$

$\dfrac{b_1(a_1 - a_2)}{b_1 + b_2}$ 只。所以，实际麻雀数是：

$$a_1 - \frac{b_1(a_1 - a_2)}{b_1 + b_2} = \frac{a_1 b_2 + a_2 b_1}{b_1 + b_2}。$$

这道题也可以用几何图形来说明。

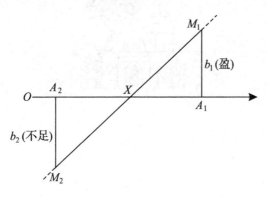

图 1-3

如图 1-3，OX 的长度表示实有麻雀数。$OA_1 = a_1$，$OA_2 = a_2$；向上表示盈，向下表示不足；而在 X 这一点，是不盈不亏的。现在，这个问题就变成知道了 a_1，a_2，b_1，b_2，求 OX。我想，这个几何计算题你一定能够完成它。

请注意，在直线 M_1M_2 上任取两个点，都能决定这条直线，找到 X。这就是从错误的猜想中找出正确答案的道理！

速算的背后

速算，看起来非常神奇，可你一旦弄清了它的奥妙，会发现原来十分平常。两个比 100 略小的数相乘，例如 98 × 93，懂窍门的人可以应声说出它的答案：9114。一算，确实不错。

他是怎么速算出来的呢？

我们容易看出，98 × 93 的得数是个 4 位数；98 对 100 的补数是 2，93 对 100 的补数是 7。用 98 减去 93 的补数 7，或者用 93 减去 98 的补数 2，都得 91，这就是答案的前两位；两补数相乘，2 × 7 = 14，这就是答案的后两位。

要是两补数相乘得到的是 1 位数，就在前面补个 0，凑够两位；要是得到的是 3 位数，就进上一位。例

如 $98 \times 97 = 9506$，$95 = 98 - 3$，06 是由 $2 \times 3 = 6$ 凑 0 得到的；$86 \times 92 = 7912$，$86 - 8 = 78$，$14 \times 8 = 112$，所以结果是 7912。

这两步说起来有点啰唆，用起来却简便易行。

同理，比 1000 或者 10000，100000，…略小的两数相乘，都可以如法炮制。

为什么可以这样算呢？

如果两个数都比 100 或者 1000，10000，…略小一些，就一定可以用 $10^n - a$ 和 $10^n - b$ 分别来表示，这里的 n、a 和 b 都是自然数，于是可得

$$(10^n - a)(10^n - b) = 10^n(10^n - a - b) + ab。$$

右边第二项 ab，显然就是两个补数的乘积。右边第一

项里的 $10^n - a - b$，可以看做（$10^n - a$）$- b$ 或者（$10^n - b$）$- a$，这正是一个乘数减去另一个乘数的补数；10^n 是添 0 数，是确定空位数的。

你看，速算之所以能成功，是因为它建立在恒等式的基础上！

从速算背后捉到了隐藏的恒等式，不要轻易放掉它，在这里头还可能找到更多的窍门。比如，在恒等式

$$（10^n - a）（10^n - b） = 10^n（10^n - a - b） + ab$$

中，把"$-$"换成"$+$"，就得

$$（10^n + a）（10^n + b） = 10^n（10^n + a + b） + ab。$$

这样，我们又得到了两个都比 100 或者 1000，10000，…略大的数相乘的速算法了。

一个是两个都比 100，1000，…略小的数相乘的速算法，一个是两个都比 100，1000，…略大的数相乘的速算法，也许你会说，那我能把这两个速算法合成一个吗？

答案是肯定的，只要推广一下补数的概念就行了。通常，比 100 小的数，例如 95，它补上 5 就是 100，所以 5 叫做 95 的补数。那么，比 100 略大的数，比如 105 要补上多少才是 100 呢？只要补上 -5 就行了。也

就是说，比 100 略大的数，它的补数是负数。

可不是吗？100 – a 是 a 的补数，a 比 100 大，所以补数当然是负数啦！

我们现在知道了补数可以是负数，那开头说的方法，就不止可以用于两个略小于 100 或者 1000，10000，…的数相乘，也可以用于两个略大于 100 或者 1000，10000，…的数相乘。这时，减去另一数的补数，因为补数是负的，实际上就是加上一个正数。两个补数相乘，在补数都为负的情况下，负乘负得正，后头部分也是正的！

我们再来想一想，两数相乘，要是一个比 100 或者 1000，10000，…略大，另一个略小，那该怎么办呢？其实开头说的方法同样适用。例如计算 995 × 1046：1046 – 5 = 1041，补 3 个 0 是 1041000，5 × (–46) = –230，结果是 1041000 – 230 = 1040770。你不妨验算一下。

以上我们要求两个数与 100 或者 1000，10000，…很接近，其实这个条件在那个恒等式里并不需要，只是速算的目的要我们这样做！实际上，随便两个数相乘，都能用这个方法。例如 57 × 34，这里的补数分别

是 43 和 66，34 − 43 = − 9，补两个 0 是 − 900，43 × 66 = 2838，− 900 + 2838 = 1938。结果倒不错，可是比普通的算法还麻烦，这就不是速算了。

在这个速算法的背后，躲着一个恒等式，那么，是不是在别的恒等式背后，也藏着别的速算法呢？

确实是的。比如：

1. 利用恒等式 $(a + b)(a − b) = a^2 − b^2$ 速算：

$603 × 597 = (600 + 3)(600 − 3) = 360000 − 9 = 359991$；

$78^2 − 77^2 = (78 + 77)(78 − 77) = 155$。

2. 利用 $(a + b)^2 = a^2 + 2ab + b^2 = a(a + 2b) + b^2$ 速算：

$25^2 = (20 + 5)^2 = 20 × 30 + 25 = 625$；

$75^2 = (70 + 5)^2 = 70 × 80 + 25 = 5625$。

把它推广一下，由

$$(a + b)[a + (10 − b)] = a(a + 10) + b(10 − b)$$

可以计算两个十位数相同、个位数互补的数的乘积。例如 $76 × 74 = 70 × 80 + 6 × 4 = 5624$。

最后，建议你想一下，$97 × 989$ 能不能速算？背后藏着哪个恒等式？

围棋循环赛

尽管围棋比赛打成平手的情况并非绝无可能，但这种机会微乎其微，在实际对局中也极少见到。所以一般说来，围棋比赛是一定要决出胜负的。

现在有 8 名选手要举行围棋循环赛，即任何两名选手之间要进行一场比赛，这样虽然占用的时间较多，却最为公平合理。

已知第 1 位选手胜 a_1 场，负 b_1 场；第 2 位选手胜 a_2 场，负 b_2 场……第 8 位胜 a_8 场，负 b_8 场。

你将会发现一桩怪事：

$$a_1^2 + a_2^2 + \cdots + a_8^2 = b_1^2 + b_2^2 + \cdots + b_8^2。$$

a_1，a_2，$\cdots$，a_8 和 b_1，b_2，$\cdots$，b_8 的可能情况千差万别，上面的式子怎么能够一定成立呢？

下面我们就来解释这个问题。由于每位选手都要比赛 7 场，所以必定有：

$$a_1 + b_1 = a_2 + b_2 = \cdots = a_8 + b_8 = 7。$$

由于每场比赛总是有人输就有人赢，所以获胜局数之和与失败局数之和必然相等，也就是说

$$a_1 + a_2 + \cdots + a_8 = b_1 + b_2 + \cdots + b_8。$$

现在我们再来看下面的代数式：

$$(a_1^2 + a_2^2 + \cdots + a_8^2) - (b_1^2 + b_2^2 + \cdots + b_8^2)$$

$$= (a_1^2 - b_1^2) + (a_2^2 - b_2^2) + \cdots + (a_8^2 - b_8^2)$$

$$= (a_1 + b_1)(a_1 - b_1) + (a_2 + b_2)(a_2 - b_2)$$

$$+ \cdots + (a_8 + b_8)(a_8 - b_8)$$

$$= 7\left[\left(a_1 - b_1\right) + \left(a_2 - b_2\right) + \cdots + \left(a_8 - b_8\right)\right]$$

$$= 7\left[\left(a_1 + a_2 + \cdots + a_8\right) - \left(b_1 + b_2 + \cdots + b_8\right)\right]$$

$$= 7 \times 0$$

$$= 0。$$

$$\therefore \quad a_1^2 + a_2^2 + \cdots + a_8^2 = b_1^2 + b_2^2 + \cdots + b_8^2。$$

显然，这个结论与参加比赛的选手人数无关。比如当选手增为 12 人时，结论依然成立。

22 只 尾 巴

影响一个人一生事业的基础，恐怕还是在小学阶段。面对眼前几张发黄的纸头，我的思绪又回到了从前。

"7744 的平方根是几？"

"88。"

"18344089 开平方，答数是多少？"

"4283。"

我是从小学三年级"跳级"到五年级的，由于算术成绩很好，老师和同学们对我都另眼相看。尤其是我算开方题的速度奇快，几乎可以脱口而出，远远超过了老师。大家当时都搞不清楚我到底掌握了什么秘诀。

其实，我并没有什么窍门，与其他小孩稍微不一样的地方就是：平时我就喜欢东想西想，不喜欢吃烧好的现成饭。这就应了一句老话："别人嚼过的馍，吃起来不香。"

已故的著名作家秦牧先生说："无事好作非非想。"我大概生来就有这种脾性。所以做算术题目时我也很注意观察、分析，从中找规律，就像做物理、化学实验那样。

在做开方题时我发现：凡是平方根为正整数的那些自然数（一般称做完全平方数），其末位尾数肯定为1，4，5，6，9（其中0的情况较为特殊，这里暂可置而不论），绝不会是2，3，7，8。假如我们把1~9这

9 个数一字排开，你会发现，1，4，5，6，9 这 5 个数是以 5 为中心左右严格对称的：

①　2　3　④　⑤　⑥　7　8　⑨

接着，我进一步考察完全平方数的最后两位尾数。经过一番计算与分析，我终于发现这种尾巴一共有 22 只，并且以 25 为中心呈现出极其完美的对称分布：

$$\vdots \qquad \vdots \qquad \vdots$$
$$22^2 = 484$$
$$23^2 = 529$$
$$24^2 = 576$$
$$25^2 = 625$$
$$26^2 = 676$$
$$27^2 = 729$$
$$28^2 = 784$$
$$\vdots \qquad \vdots \qquad \vdots$$

此时我又看出：

$26^2 = 676$，$24^2 = 576$，正好相差 100；

$27^2 = 729$，$23^2 = 529$，正好相差 200；

$28^2 = 784$，$22^2 = 484$，正好相差 300；

$29^2 = 841$，$21^2 = 441$，正好相差 400；

$$\vdots \qquad \vdots \qquad \vdots$$

进了中学之后，我才知道这一规律是理所当然的，

这是因为恒等式

$$(25 + a)^2 - (25 - a)^2$$

$$= (625 + 50a + a^2) - (625 - 50a + a^2)$$

$$= 100a$$

的缘故。

尽管规律如此简单，但对我来说，掌握它还是非常有用的。它不仅使我对平方数的尾数有了更深一层的认识，而且在记忆方面也来了个"大跃进"，能够把 1 到 99 的平方一口气背出来。

22 只尾巴可以分成 5 类，它们是：

A 类：1 的左邻只能是偶数，即 01，21，41，61，81；

B 类：4 的左邻也只能是偶数，即 04，24，44，64，84；

C 类：9 的左邻也只能是偶数，即 09，29，49，69，89；

D 类：5 的左邻只能是 2；

E 类：6 的左邻只能是奇数，即 16，36，56，76，96。

最后再加上一个特殊的尾巴 00（0 的平方），其总

数就正好是 22 只了。

有了这些知识做基础，后来我遇到平方与开方问题，处理起来就游刃有余了。

不仅如此，它还激发了我后来学习代数数论与计算数学的巨大兴趣，并从此一发而不可收。即使在"文革"时期，生活困苦、颠沛流离，我研究数学的决心也始终没有动摇。看来，日本教育界提出"三岁之魂，百岁之才"，一切要从娃娃抓起，不是完全没有道理的啊。

循环节的长短

大家都知道，两个正整数相除，只有两种可能，要么除尽，要么除不尽。在除不尽的情况下，商数就是一个循环小数了。例如

$$2 \div 5 = 0.4 ;$$

$$2 \div 3 = 0.666\cdots ;$$

$$1 \div 37 = 0.027027027\cdots 。$$

为了方便，我们可以把 $\frac{1}{37}$ 记成 $0.\dot{0}2\dot{7}$，表示循环节有 3 位数字。这 3 位数字周而复始，不断出现。

一切循环小数都是有理数。其实，能除得尽的有限小数，也可以表示为循环小数，例如 $0.4 = 0.3999\cdots = 0.3\dot{9}$。不过，从来没有人这样写就是了。

数学家已经做好了一张长长的表，下面是 100 以内的质数的倒数化为循环小数时，循环节所含的位数。

质数	倒数循环节的位数	质数	倒数循环节的位数
3	1	47	46
7	6	53	13
11	2	59	58
13	6	61	60
17	16	67	33
19	18	71	35
23	22	73	8
29	28	79	13
31	15	83	41
37	3	89	44
41	5	97	96
43	21		

你看，把 $\frac{1}{97}$ 化为循环小数时，它的循环节有 96 位。要把它们都算出来，那是很费时间的。不过，和下面的计算一比，它又显得微不足道了。

有个名叫赫德逊的人，曾把 $\frac{1}{1861}$ 的循环节全部算了出来，共有 1860 位。更不怕麻烦的是一个名叫向克斯的人，他把 $\frac{1}{17389}$ 的由 17388 个数码构成的循环节，一个不落地全部算了出来。

那么，为什么循环节有长有短呢？

在寻找答案之前，得先弄清这两个问题：一个是自然数相除，在除不尽的时候，为什么总会出现循环小数？一个是循环小数为什么总能化为分数？

头一个问题比较容易弄明白。用一个数除以一个数，比如 $313 \div 29$，除不尽，就有余数；余数补 0 再除，又有余数。余数肯定比 29 小，从 1 到 28，只能有 28 种不同的余数。一次一次地除，超过 28 次，就说明其中至少有两次的余数是相同的。于是，这两次的商也相同，这两次余数的后两个余数也相同，除得的商又相同，循环开始了；而且，循环节的长度，最多是28。

再来看第二个问题，把循环小数化为分数的方法大家都会，只要取整整一个循环节作分子，用 99…9 作分母就行了。这里，循环节有几位，就连写几个 9。例如：

$$0.378378378\cdots = \frac{378}{999} = \frac{14}{37}。$$

这里面的道理也许你说不清，其实非常简单，不过是一个方程问题：

设 $0.378378378\cdots = x$，两端乘 10^3，得

$$378.378378\cdots = 1000x,$$

所以 $$378 + 0.378378\cdots = 1000x。$$

可是 $$0.378378\cdots = x,$$

所以 $$378 + x = 1000x。$$

解得 $$x = \frac{378}{999} = \frac{14}{37}。$$

这个方法，对别的循环小数化分数也适用。上面举的循环小数循环节是 3 位，所以要用 10^3 乘两边。要是循环节是 n 位，就用 10^n 乘。这样，分子上有多长的循环节，分母上就是多少个 9。

说到这里，循环节为什么有长有短这个问题，也就容易明白了。还用刚才的例子：

$\because$ $$\frac{378}{999} = \frac{14}{37},$$

$\therefore$ $$378 = \frac{999}{37} \times 14。$$

因为 14 和 37 是互质数，也就是除 1 之外没有公约数，所以 999 一定能被 37 整除。$999 \div 37 = 27$，$27 \times 14 = 378$。

从这里我们可以看出一个规律：要是既约分数 $\frac{q}{p}$

可以化成循环小数 $0.\dot{a}_1 a_2 \cdots \dot{a}_n$，那么，$p$ 一定能整除 $10^n - 1 = \underbrace{999 \cdots 9}_{n\text{个}}$，而且，把除得的商乘以 q，得到的就是一个循环节的数字。

可见，只要 p 能整除连写的 n 个 9，而且 9 的个数再少就不能整除了，那么，$\dfrac{q}{p}$ 的循环节长度就是 n。

结合上例就是说，连写 3 个 9 即 999，可以被 37 整除，再少就不行了，那么，$\dfrac{q}{37}$ 的循环节一定是 3 位。

是不是连写很多 9，这样的数一定能被一切整数整除呢？不见得。连写多少 9 都不能被 2 整除，也不能被 5 整除。可见，它不能被偶数和末位是 5 的数整除。

这告诉我们：任何一个既约分数 $\dfrac{q}{p}$，要是它的分母 p 是偶数或者末位是 5 时，$\dfrac{q}{p}$ 是不能化成纯循环小数的！例如 $\dfrac{1}{6} = 0.166666\cdots$，你看，它不是一开始就循环，它的循环部分是 $0.1 \times 0.\dot{6}$，而 $0.\dot{6} = \dfrac{6}{9} = \dfrac{2}{3}$。这时，分母已不是偶数了。

题目做好以后

有的同学做数学题不够认真，不够仔细，有相当严重的"交差"思想，在作业本上还不时出现小船的长度是 1.6 万千米，飞机的速度是每秒 40 万公里，祖父的年龄是 18 岁等明显的错误。

实际上，做完题并经过检查没发现错误后，往往还有许多事情可以做。这样做，好处很多，也很有趣。

下面我们举一个例子。

我们知道，立体几何里，有求以正方形为底的棱台体积公式。一个下底边长为 a、上底边长为 b、高为 h 的棱台，它的体积是：

$$\frac{a^2 + ab + b^2}{3}h 。$$

这个公式我们非常熟悉。那么，利用这个公式做完题目以后，我们还可以观察，在不同的情况下，它会发生什么样的变化。

如果 $a = b$，那这个棱台就变成棱柱，这时体积公式就变成 $a^2 h$，正好和已知的求棱柱体积公式一致。

如果 $b = 0$，那这个棱台又变成棱锥，这时体积公式又变成 $\frac{1}{3}a^2 h$，正好和已知的求棱锥体积公式一致。

a、b 和 h 都表示长度，则体积的单位是长度单位的立方。由

$$\frac{a^2 + ab + b^2}{3}h = \frac{1}{3}a^2 h + \frac{1}{3}abh + \frac{1}{3}b^2 h$$

可以看出，式中右边每一项的单位，都是长度单位的

50

立方，正好与体积单位一致。用数学术语来说，就是"量纲"是对头的。

我们再来举两个例子。

大正方形里有一个内接的小正方形，求证小正方形的面积至少是大正方形的 $\frac{1}{2}$。对于这个题目，你最可能想到的，是用勾股定理来证明小正方形边长的平方，大于或等于大正方形边长平方的 $\frac{1}{2}$（图1-4）。

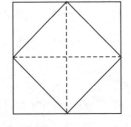

为什么你会首先想到这个方法呢？因为图上有直角三角形，所以你头脑里自然会联想到勾股定理。

图1-4

这样做完题后，再想想，你就会想到一些图上没画出来的东西，比如小正方形的对角线。我们知道，正方形对角线越长，它的面积越大。很明显，小正方形的对角线，总不会比大正方形的边小（图1-5）；当它们相等时，小正方形的面积恰好是大正方形的一半。

用这个方法研究正方形有效，把正方形换成正三角形、正五边形、正六边形呢？想清楚了，你就会做许多题目。

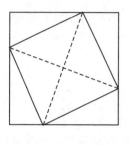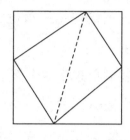

图 1-5   图 1-6

再进一步，你还可以想想：要是正方形内接一个任意四边形（图1-6），这个任意四边形的面积，什么时候比正方形的一半大？什么时候又比正方形的一半小呢？

另一个例子，如图 1-7，你假想三角形的两个顶点 *B* 和 *C*，是两颗钉牢在木板上的钉子，高 *AD* 是一根小木棒，一根橡皮圈绕在钉子和木棒的两头，形成了三角形的边。

我们把这个"高"垂直向上一推，三角形变成了凹四边形 *ABDC*；垂直向下一推，又变成了凸四边形 *ABDC*。这样，原来三角形的高和底，都变成了四边形的对角线，并且是互相垂直的对角线。有趣的是，这两个四边形的面积，都是原来那个三角形的面积！

这种凹四边形的面积公式，有时还真有用处。下

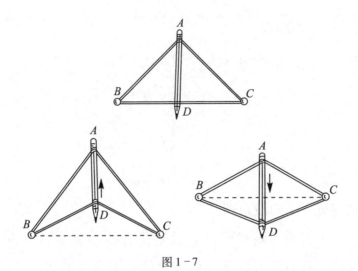

图 1-7

面这个勾股定理的巧妙证法，关键就是这样一个凹四
边形面积的计算。

如图 1-8，把直角三
角形 ABC 绕直角顶点 C 旋
转 $90°$，得到一个全等的直
角三角形 $A'B'C$。显然，凹
四边形 $AA'BB'$ 的两条对角
线 AB 和 $A'B'$ 互相垂直。
所以，

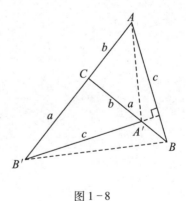

图 1-8

$$S_{凹四边形AA'BB'} = \frac{1}{2}c^2。$$

另一方面，

$$S_{凹四边形AA'BB'} = S_{\triangle BCB'} + S_{\triangle A'CA}$$

$$= \frac{1}{2}a^2 + \frac{1}{2}b^2$$

$$= \frac{1}{2}(a^2 + b^2)。$$

$\therefore \qquad\qquad c^2 = a^2 + b^2。$

这就证明了勾股定理。

大家看，题目做好以后还是有很多事情可以做。这样，我们既可以把以前学过的知识融会贯通，又可以不断发现有趣的新问题，何乐而不为呢？

换个视角看问题

这是象棋盘的四分之一，中央有一匹马。马走"日"字的对角点，问这匹马怎样才能既不重复又不遗漏地走遍所有的交叉点？

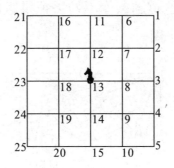

要是你随意走，试试看，很容易弄乱。可如果你换个视角来看，问题就变得简单明白、不会乱套。原来，对于棋盘交点的相互关系，人和"马"的看法是

不同的。在人看来是紧邻的两点，在马看来却不是。比如，马从1到2至少得走3步，而到12或者8只要走1步。

所以对于这道题，你不妨丢掉棋盘的形状，从马的视角另画一个图。

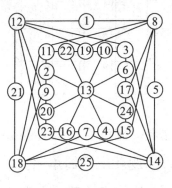

图 1-9

如图 1-9，在这个图上，你就很容易选出一种走法了。比如，可以从 13 走到 10；然后沿着内圈走，10→19→22→… 都走到了；再转到外圈，沿着外圈走，12→21→18→…→1，这样就可以很容易地把这 25 个点一一走到了。

这种解决问题的办法，叫做变更问题法。有不少数学难题，可以用这个办法来解决。

举一个例子。

如图 1-10，四边形 *ABCD* 被对角线分成 4 个三角形，已知 $S_{\triangle I} = S_{\triangle II}$，求证 $S_{\triangle III} + S_{\triangle IV} \geq S_{\triangle I} + S_{\triangle II}$。

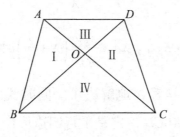

图 1-10

这个题看起来很难，因为是任意四边形，没有什么可用的条件。但是如果你的视角一变，用代数方法来解，难题也就不难了。

设四边形 $ABCD$ 的对角线相交于 O，$S_{\triangle \text{I}} = S_{\triangle \text{II}} = a$，$\dfrac{AO}{OC} = \lambda$。

$$\because \qquad \frac{S_{\triangle \text{III}}}{S_{\triangle \text{II}}} = \frac{AO}{OC} = \lambda，$$

（高相同的两个三角形的面积之比，等于它们的底之比）

$$\therefore \qquad S_{\triangle \text{III}} = \lambda a；$$

$$\because \qquad \frac{S_{\triangle \text{IV}}}{S_{\triangle \text{I}}} = \frac{OC}{AO} = \frac{1}{\lambda}，$$

$$\therefore \qquad S_{\triangle \text{IV}} = \frac{a}{\lambda}。$$

$$\therefore \qquad S_{\triangle \text{III}} + S_{\triangle \text{IV}} = \lambda a + \frac{a}{\lambda} = \left(\lambda + \frac{1}{\lambda}\right)a \geqslant 2a。$$

难题就这样轻松地解决了。同时我们还知道，想要等号成立，$ABCD$ 一定是平行四边形！

你看，做题时换个视角，几何题从代数方面想想，代数题从几何方面想想，很有好处也很有必要！

这种变换视角的办法，有时还能把一个非常简单的事实化为很难的问题。

如图 1 – 11，在 △ABC 内任取一个点 P，PA、PB、PC 把 △ABC 分成 3 块：

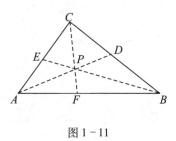

图 1 – 11

$$S_{\triangle ABC} = S_{\triangle APB} + S_{\triangle BPC} + S_{\triangle CPA}。$$

谁也不会把这个等式的证明作为题目给你做。

要是注意到面积比与线段比的关系：

$$\frac{S_{\triangle APB}}{S_{\triangle ABC}} = \frac{PF}{CF}, \quad \frac{S_{\triangle BPC}}{S_{\triangle ABC}} = \frac{PD}{AD}, \quad \frac{S_{\triangle APC}}{S_{\triangle ABC}} = \frac{PE}{BE},$$

把这 3 个等式一加，便是：

$$\frac{PF}{CF} + \frac{PD}{AD} + \frac{PE}{BE} = 1。$$

求证这个等式成立，曾经是某年高考的考试题。

出 奇 制 胜

古代伟大的军事家不论伊尹、姜尚（姜太公），还是诸葛亮、孙武，在打仗用兵上都很强调"出奇制胜"。

做数学题其实就跟打仗一样，也要"胸有奇计"，才能化繁为简、不落俗套。下面我们就通过时钟问题，来阐述这一观点。

时钟问题源远流长，又与我们的生活息息相关，所以在学习中会经常遇到。可是，许多小朋友见到这类题就像碰见了"拦路虎"，又害怕又头疼。其实大家大可不必担心，通过两个例子，你们就可以学会怎样出奇制胜地解决这类问题。

问题一：在 8 点到 9 点之间，时针与分针第一次

相交成直角是在什么时刻?

我们先假定时针停在 8 字上不动，那分针肯定应该在 5 字上（因为相距 12 个字相当于 360°，所以相距 3 个字就是 90°），如换算成分钟，就是 25 分。

但是，时针其实也是在缓慢地移动的，所以上述答案显然不正确，必须加以"修正"。经过研究，美国纽约大学的数学教育家阿尔弗来德·普萨门蒂尔教授说，只要把原先的答数，乘上一个修正因子 $\frac{12}{11}$ 就可以了。现在，我们将 25 乘上 $\frac{12}{11}$，即可算出长针与短针在 8 点 $27\frac{3}{11}$ 分时第一次相交成直角。

用这种办法我们还可以非常轻松地算出，时针与分针将在 2 时 $10\frac{10}{11}$ 分重合。

据美国教育界人士透露，采用此种简便易行的"修正因子法"效果奇佳，即使最不爱动脑筋的孩子也能轻松算出正确答案！

问题二：3 点钟后有一个特殊时刻，时针和分针将分别位于"3"的两侧，且与 3 的距离正好相等。请问，这是什么时刻？

时钟问题归根结底，是圆周上的行程问题。由于分针每分钟走 1 格，时针每小时走 5 格（整个圆周分成 60 格），即时针每分钟走 $\frac{1}{12}$ 格，所以分针速度是时针的 12 倍。当然，它们的运动方式都是匀速运动。

3 点整时，钟面上的分针指着 12，时针指着 3，两者相距 15 格。

现在，我们要走出解题的关键一步了：假设时针不是向前走，而是按相反方向倒走，那么，在这种奇异情况下，两针重合的时刻，显然就应当是正常情况下两针分处"3"字的两侧，且与之等距的时刻了。

通过这一转化，问题立即变为甲、乙两人相向而

行的行程问题了，于是马上即可得出答案：

$$15 \div \left(1 + \frac{1}{12} \right) = 13 \frac{11}{13} \text{（分）}。$$

所以在 3 点 $13 \frac{11}{13}$ 分时，时针与分针跟"3"字等距。

你看，用"奇招"解题多简单呀！

数学隐藏在历史深处，只要你愿意做一个敏锐的发掘者，你就会发现，里面散落着许多晶莹的数学珍珠。来，让我们一起发掘去吧！

奇妙的联系

  《静静的顿河》是一部世界闻名的小说，作者肖洛霍夫也因此享誉世界。可是，也有人提出种种疑点，认为这部杰作并非出自肖洛霍夫的手笔，而是他用卑鄙的手段剽窃了无名作者的劳动成果。对于大仲马和莎士比亚的一些作品，人们也有怀疑。在英国，近年来为了证实一位专门研究莎士比亚作品的"文艺侦探"的猜测，竟然闹到了发掘古墓的地步。

  在我国或多或少也存在着类似的情况。例如《红楼梦》的作者究竟是不是曹雪芹的问题，也是众说纷纭、莫衷一是。

  令人惊讶的是，有可能扮演这些疑案最后仲裁者的，竟然是风马牛不相及的数学。通过先进的概率论

和数理统计方法（例如判别函数和簇类分析），对一篇文章的频谱和固有值作出客观的分析计算，从而有可能对著作权问题作出公正的、令人信服的结论。

联合国教科文组织关于科学研究主要趋势的调查报告指出，目前科研工作的一个主要特点是：各门学科的"数学化"。作为人类智能活动一个重要方面的文学艺术领域，当然也不可能置身事外。事实上，近年来国外用数学方法研究文学艺术，已经成为一种时尚，并取得了一定的成果。

对行列式理论作出过卓越贡献的英国数学家西尔维斯特，是这方面的先驱。他曾经写了一篇论文《诗

的规律》，对莎士比亚的十四行诗进行研究分析。

　　原籍苏格兰的美国数学家倍尔，是一位数论和数学史专家。他的两本巨著《数学精英》与《数学发展史》，至今仍脍炙人口。他爱好文学，写过许多科普读物和科学幻想小说，如《数学——科学的皇后和仆从》。

　　数学与文学艺术有着奇妙的联系，数学已悄悄渗透到其他各个学科，由此可见数学的重要性。

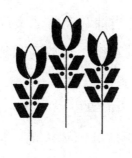

徽州老板的发明

明清两代，徽州商人曾称雄商界达数百年之久。过去曾有一种说法，叫做"无徽不成镇"。

徽州商人以开当铺和经营"文房四宝"为主要商业活动。旧社会的当铺不但放高利贷，而且"快刀斩客"。不论多么名贵的东西，一旦上了当铺的高柜台，便被"杀半价"，有时甚至会"十不得一"。正因为如此，当铺里的谈话是见不得人的。但谈生意不"谈"怎么行，可关于数目问题他们又不敢直截了当地说出口，也不能用手势，因为用手指头表示数字的人实在太多了，容易被外人识破其中的奥妙，怎么办呢？

于是，徽州老板想出了用汉字作密码的点子。

众所周知，汉字是由点、横、竖、撇、捺等笔画

组成的。在数以万计（常用字只有 5000 字左右）的汉字中，有的字很像一棵树，主体是树干，从树干上又分叉出许多树枝。这些从主体向外伸出去的部分，如果选择得合适的话，正好能表示出从 1 到 10 的自然数来。

以下便是流行于典当业中的一个编码方案：

甲——1； 中——2； 人——3；

工——4； 大——5； 王——6；

主——7； 井——8； 羊——9；

非——10； 〇——0

　　"甲"下边伸出一个"枝杈"，所以代表"1"；"中"上下各伸出一个"枝杈"，所以代表"2"；"人"好像有 3 个"枝杈"，所以代表"3"；"羊"的四面八方好像有 9 个"枝杈"，所以代表"9"。其余的你自己数数看，很容易破译出来。

　　巧的是，用圆圈表示 0，正好与近代阿拉伯数码中的 0 重合。

　　当时的典当业，还有山西帮、潮州帮、宁波帮、绍兴帮等等，并非只有徽州帮一家，他们"各唱各的调，各吹各的号"，"行话"自然不一样。

　　在旧社会，除了当铺，其他一些行业也有各自的"行话"。如果搜集起来，必将大大地丰富密码学，而且肯定是一份极有价值的资料。据说，已经有人在着手编纂这部工程浩大的《中国密语大辞典》了呢。

先 苦 后 甜

明代程大位的《算法统宗》，是一本流传很广的著作。书中许多题目都用诗歌体叙述，读起来朗朗上口。下面的这个问题，便是其中特别有名的一个：

　　九百九十九文钱，甜果苦果买一千。

　　四文钱买苦果七，十一文钱九个甜。

　　甜苦两果各几个？请君布算莫迟延！

　　照葫芦画瓢式的列方程解法，实在是枯燥乏味。现在，我们改用算术办法试试。

　　每个甜果 $\frac{11}{9}$ 文，苦果 $\frac{4}{7}$ 文。如果买的果子全是甜果，则应花去 $\left(\frac{11}{9} \times 1000\right)$ 文，无需详细计算就可以看出，此数肯定比 999 大。如果用 1 个苦果去替换 1 个甜果，则应有 $\left(\frac{11}{9} - \frac{4}{7}\right)$ 文的差价。

　　用总价的差额除以单价的差额，得到的便是苦果数：

$$\left(\frac{11000}{9} - 999\right) \div \left(\frac{11}{9} - \frac{4}{7}\right)$$

$$= \frac{2009}{9} \div \frac{41}{63} = \frac{2009}{9} \times \frac{63}{41} = 343 \ （个）。$$

　　所以这个人总共买了 343 个苦果，657 个甜果，正好 1000 个。数字凑得极巧，这也是中国古算的一大特色。

巧 算 灯 盏

你看过《镜花缘》吗？其中有一段妙趣横生的情节描写与数学知识有关。它讲的是：宗伯府的千金小姐卞宝云，邀请众才女到府中的小鳌山观灯。当才女们应邀来到小鳌山时，只见楼上楼下挂满了光彩夺目的灯盏，犹如繁星满天。但这些灯盏高低错落、连绵不断，一时之间竟难辨多少。

卞宝云请她的女伴、素有"神算子"之称的才女米兰芬，算一算所有灯盏的数目。她告诉米兰芬，楼上的灯有两种：一种是上面 3 个大球，下缀 6 个小球；另一种是上面 3 个大球，下缀 18 个小球。大灯球共 396 个，小灯球共 1440 个。楼下的灯也有两种：一种是上面 1 个大球，下缀 2 个小球；另一种是上面 1 个大

球，下缀 4 个小球。大灯球共 360 个，小灯球共
1200 个。

米兰芬低头想了片刻，转眼间便把楼上楼下的灯
盏全部算出来了。

她是怎么算的呢？其实，她是仿照"鸡兔同笼"
的算法来解的。先算楼下的灯：将小灯球数 1200 折
半，得 600，再减去大灯球数 360，得 240，这就是下
缀 4 个小灯球的盏数；然后用 360 减去 240，得 120，
这就是下缀 2 个小灯球的盏数。

再算楼上的灯：先将 1440 折半为 720，再减去大
灯球 396，得 324，再除以 6，得 54，这是缀 18 个小灯
球的盏数；然后用 3 乘以 54，得 162，再用 396 减去

162，得234，再除以3，得78，这便是下缀6个小灯球的盏数。

显然，楼上的灯要比楼下的灯规格高出许多，足见当时的官宦人家，生活是何等的豪华奢侈了。

米兰芬的算法，只是个"纲要"而已。若列出方程与她的每一步算法对照，也是一个很好的练习哩。

数字"宝塔"

形体各异、千姿百态的宝塔，是我国古代文明的瑰宝。有趣的是，在数学里也有这种数字"宝塔"。请看：

$$1 \times 1 = 1$$
$$11 \times 11 = 121$$
$$111 \times 111 = 12321$$
$$1111 \times 1111 = 1234321$$
$$11111 \times 11111 = 123454321$$
$$111111 \times 111111 = 12345654321$$
$$1111111 \times 1111111 = 1234567654321$$
$$11111111 \times 11111111 = 123456787654321$$
$$111111111 \times 111111111 = 12345678987654321$$

另外，在我国民间文学里头，也有一种"宝塔诗"，至今还颇受大家喜爱。

现在，受外国人的影响，有人发明了用英语单词造"宝塔"的游戏。这种游戏在晚会上颇受欢迎。编排得巧的话，这种"宝塔"可以高到十几层，例如：

I	（我）
IS	（是）
ICE	（冰）
IRON	（铁）
IDEAL	（理想的）
INCOME	（收入）
IRELAND	（爱尔兰）
IDENTITY	（恒等式）
IMAGINARY	（幻想的）
IMPRESSION	（印象）
ICOSAHEDRON	（二十面体）

北宋科学家沈括，在酒店里看到一坛坛酒堆成整齐的宝塔状，大受启发，提出了"垛积术"。后来，元代的朱世杰又进一步加以研究，得到了世界上最早的高次等差级数的求和公式。这在世界科技史上都是一项重要的成就。

法国数学家路加，对数字"宝塔"也特别感兴趣。他收集和研究了大量的例子，下面列举的只是其中的一些。

$$1 \times 9 + 2 = 11$$
$$12 \times 9 + 3 = 111$$
$$123 \times 9 + 4 = 1111$$
$$1234 \times 9 + 5 = 11111$$
$$12345 \times 9 + 6 = 111111$$
$$123456 \times 9 + 7 = 1111111$$
$$1234567 \times 9 + 8 = 11111111$$
$$12345678 \times 9 + 9 = 111111111$$
$$123456789 \times 9 + 10 = 1111111111$$

$$0 \times 9 + 8 = 8$$
$$9 \times 9 + 7 = 88$$
$$98 \times 9 + 6 = 888$$
$$987 \times 9 + 5 = 8888$$
$$9876 \times 9 + 4 = 88888$$
$$98765 \times 9 + 3 = 888888$$
$$987654 \times 9 + 2 = 8888888$$
$$9876543 \times 9 + 1 = 88888888$$
$$98765432 \times 9 + 0 = 888888888$$

利用计算机或者袖珍电子计算器，可以帮你构造

出更多的数字"宝塔"，比如：

$$12345679 \times 9 = 111111111$$
$$12345679 \times 18 = 222222222$$
$$12345679 \times 27 = 333333333$$
$$12345679 \times 36 = 444444444$$
$$12345679 \times 45 = 555555555$$
$$12345679 \times 54 = 666666666$$
$$12345679 \times 63 = 777777777$$
$$12345679 \times 72 = 888888888$$
$$12345679 \times 81 = 999999999$$

$$1 \times 8 + 1 = 9$$
$$12 \times 8 + 2 = 98$$
$$123 \times 8 + 3 = 987$$
$$1234 \times 8 + 4 = 9876$$
$$12345 \times 8 + 5 = 98765$$
$$123456 \times 8 + 6 = 987654$$
$$1234567 \times 8 + 7 = 9876543$$
$$12345678 \times 8 + 8 = 98765432$$
$$123456789 \times 8 + 9 = 987654321$$

　　和上面这些"宝塔"比，下面这座可以说是别具一格。

$$1 = \frac{1 \times 1}{1}$$

$$121 = \frac{22 \times 22}{1 + 2 + 1}$$

$$12321 = \frac{333 \times 333}{1 + 2 + 3 + 2 + 1}$$

$$1234321 = \frac{4444 \times 4444}{1 + 2 + 3 + 4 + 3 + 2 + 1}$$

$$123454321 = \frac{55555 \times 55555}{1 + 2 + 3 + 4 + 5 + 4 + 3 + 2 + 1}$$

$$12345654321 = \frac{666666 \times 666666}{1 + 2 + 3 + 4 + 5 + 6 + 5 + 4 + 3 + 2 + 1}$$

$$1234567654321 = \frac{7777777 \times 7777777}{1 + 2 + 3 + 4 + 5 + 6 + 7 + 6 + 5 + 4 + 3 + 2 + 1}$$

$$123456787654321 = \frac{88888888 \times 88888888}{1 + 2 + 3 + 4 + 5 + 6 + 7 + 8 + 7 + 6 + 5 + 4 + 3 + 2 + 1}$$

$$12345678987654321 = \frac{999999999 \times 999999999}{1 + 2 + 3 + 4 + 5 + 6 + 7 + 8 + 9 + 8 + 7 + 6 + 5 + 4 + 3 + 2 + 1}$$

　　受十进制记数法的限制，以上的"宝塔"都只有9级，不能再继续造下去了。不过，也有许多数字"宝塔"是可以无限制地造下去的。例如：

$$7 \times 7 = 49 \qquad\qquad 4 \times 4 = 16$$
$$67 \times 67 = 4489 \qquad\qquad 34 \times 34 = 1156$$
$$667 \times 667 = 444889 \qquad 334 \times 334 = 111556$$
$$\cdots\cdots \qquad\qquad\qquad \cdots\cdots$$
$$7 \times 9 = 63 \qquad\qquad 9 \times 9 = 81$$
$$77 \times 99 = 7623 \qquad\qquad 99 \times 99 = 9801$$
$$777 \times 999 = 776223 \qquad 999 \times 999 = 998001$$
$$\cdots\cdots \qquad\qquad\qquad \cdots\cdots$$

最后，让我们来造一座大"宝塔"。

$$1 \times 7 + 3 = 10$$
$$14 \times 7 + 2 = 100$$
$$142 \times 7 + 6 = 1000$$
$$1428 \times 7 + 4 = 10000$$
$$14285 \times 7 + 5 = 100000$$
$$142857 \times 7 + 1 = 1000000$$
$$1428571 \times 7 + 3 = 10000000$$
$$14285714 \times 7 + 2 = 100000000$$
$$142857142 \times 7 + 6 = 1000000000$$
$$1428571428 \times 7 + 4 = 10000000000$$
$$14285714285 \times 7 + 5 = 100000000000$$
$$142857142857 \times 7 + 1 = 1000000000000$$

$$\cdots\cdots$$

你看，左边的 142857，就是 $\dfrac{1}{7}$ 的循环节。它和被

加上去的数——3，2，6，4，5，1，都是周而复始、不断重复出现的！

造"宝塔"、看"宝塔"是有趣的。要是你进一步，弄清楚为什么会出现这些千姿百态的"宝塔"，那就更有趣了！

比如最后的这座大"宝塔"，我们把每个等式都用 7 除一下，再移项，把 $\frac{3}{7}$，$\frac{2}{7}$，$\frac{6}{7}$，…移到右边，便可以看出它的成因是什么了。

还有前面的一个"宝塔"等式——999 × 999 = 998001，不就是"速算的背后"一节讲的速算法吗？

又如 777 × 999 = 776223，不也是从这个速算法得来的吗？类似地，还有 888 × 999 = 887112，等等。

再看 4 × 4 = 16，34 × 34 = 1156，…这些式子看来似乎难以解释，可是只要把它们两端乘以 9 就可以看出，原来它们也是这个速算法的一个特例：

34 × 34 × 9 = 102 × 102 = 10404 = 9 × 1156；

334 × 334 × 9 = 1002 × 1002 = 1004004 = 9 × 111556。

你看，数字"宝塔"使人惊奇，但拆开来，不过是普通的"砖石"罢了！

宝　塔　灯

　　每年阴历七月三十日晚上，无锡北塘运河边上，总是人山人海，挤得水泄不通。相传，那天是地藏王菩萨的诞辰（如果遇到小月，就放在七月廿九日），家家都要在地上燃点"九思香"，祈求消灾延寿，逢凶化吉。北塘的大街上，开着许多陶器杂货店。店老板常把缸、盆、瓦钵之类的器皿，很有规律地堆放成下圆上尖的锥形。到了七月三十日晚上，店老板们就要花费一些大钱，每家预备数十甚至上百盏油灯，放在每个尖堆各层的缸盆上面，点燃成一座座灯塔，美其名曰"宝塔灯"。店老板们有时还把灯塔排成各种不同图案。从运河对面望去，那一盏盏灯似美丽的花朵，争奇斗艳；水中的倒影金光闪闪，光彩夺目。

以上便是我国著名数学教育家许莼舫先生笔下的大运河"宝塔灯"奇景，现在已很难看到了。但是，在号称亚洲第一大都市——日本东京的隅田川上，还能看到这种"放河灯"的奇景。毫无疑问，此种隋唐遗风，日本人是从中国学到的。

河中的宝塔灯影像，虽然花样繁多、名堂不少，但常见的是下面正三角形的形状：

其中灯的数目为 1，3，6，10，15，21，28，…

这就是数学里有名的"三角拟形数"。数列 1，3，

6，10，15，21，…其实是一个二阶等差数列，其通项公式为$\frac{n}{2}(n+1)$，前 n 项和公式是$\frac{n}{6}(n+1)(n+2)$。

这种数列的起源非常古老，古希腊的毕达哥拉斯就曾研究过，后来大数学家欧拉、拉格朗日、勒让德、高斯等人都曾作过探讨。

如果把宝塔一级级地叠上去，就是著名的杨辉三角形的形状。拟形数除了三角形的以外，还有正方形的、正五边形的，等等。这些都是西方数学家津津乐道的材料。其实我国宋代数学家贾宪、元代数学家朱世杰等人，早就对此作过深入研究，并得出了正确的通项公式与求和公式。所以正像茅以升先生所说，我们对祖宗的辉煌成就应该倍加珍惜，不要言必称希腊、罗马。

自称为毕达哥拉斯第 10 世化身的矩阵博士欧文·约书亚·梅特列克斯博士，在《金字塔能》这篇专文中，对三角拟形数有过一番专门的叙述。他说：666 是第 36 号三角拟形数。在这个家族中，纯种"血统"（同一个数字组成的，如 3，44，555）的成员只有 5个，即

1，3，6，55，66，666，

此外再也没有了。

当时许多人认为他是十足的胡说八道，然而《美国数学会公报》却证实了这件事。一位名叫戴维·巴利夫的学者，利用高速电子计算机进行搜索，一直追到几百位天文数字，也没有发现除此之外的其他纯"血统"三角拟形数。随后，他与另一位学者威格合作，终于用数论证明了矩阵博士的论断。

欧拉的 36 军官问题

这是组合数学中的一个著名问题。

据说，有一次普鲁士腓特烈大帝举行盛大的阅兵仪式。他打算从 6 支不同的部队里，各选出 6 名不同军衔（例如上校、中校、少校、上尉、中尉、少尉）的军官共 36 人，排成一个每边正好 6 人的方阵；要求每行每列都必须有各个部队和各种军衔的代表，既不准重复、也不能遗漏。这件事情看起来容易，不料命令传下去之后，根本无法执行。阅兵司令接二连三地吹哨子、喊口令，排来排去始终排不出国王要求的阵法，使腓特烈大帝在来宾面前出了洋相。

著名的大数学家欧拉，曾受腓特烈大帝的邀请在柏林科学院工作，于是这个难题就交由他处理。在此

之前，不知有多少令人头疼的数学问题都被他一一破解，但这一次他也栽了跟头。这个问题也因此成了组合数学中的一个著名问题。再后来，经过后人的苦心研究，终于证明了腓特烈大帝的要求是无法满足的。也就是说，那样的 6 阶方阵是排不出来的。

4B	2C	5D	3E	1A
3C	1D	4E	2A	5B
2D	5E	3A	1B	4C
1E	4A	2B	5C	3D
5A	3B	1C	4D	2E

一个 5 阶正交拉丁方

  这种方阵在近代组合数学中称为"正交拉丁方"，在工农业生产和科学实验方面都有广泛的应用。已经证明，除了 2 阶和 6 阶以外，其他各阶正交拉丁方都能作出来。腓特烈大帝正好碰上了 6 阶，可以说是比较倒霉。

千 年 一 步

英国皇家学会会员、中科院外籍院士李约瑟博士，在其皇皇巨著《中国科学技术史》的第 3 卷第 19 章第 4 节首段中告诉我们：自然数可以分成 3 类，即不足数、完全数与富裕数，其标准是看它们是否小于、等于或大于其所有因子（包括 1，但不包括此数本身）之和。

完全数被古人视作祥瑞。古希腊人很早就开始研究这些数。他们约在公元前 4 世纪末就算出了前 4 个完全数，它们是：6，28，496 与 8128。

由于这些数相对来说较小，最多也不过是个 4 位数，所以用定义来判定它们的真伪轻而易举。例如：

$$6 = 1 + 2 + 3;$$

$$28 = 1 + 2 + 4 + 7 + 14。$$

后面两个也可以依此类推。

古代的科学发展非常缓慢,特别是在黑暗的中世纪,统治者蔑视科学,致使科学长期处于停滞不前的状态,寻找完全数的脚步也因此停了下来。直到 13 世纪才出现了一线曙光,1202 年,意大利人斐波那契宣称,他找到了一个寻找完全数的有效法则。遗憾的是,直到 1460 年,第 5 个完全数才被一位无名氏找到。这个数就是 33550336,比第 4 个完全数 8128 大了 4100 多倍。跨度如此之大,难怪计算技术落后的古人,花了如此长的时间才找到它。

一千多年才勉强跨出一步,可见成果来之不易。最艰难的一步跨过之后,人们发现,前面就是平坦大道。

现在,我们就来介绍寻找完全数的法则。经过研究,科学家发现

$$N = 2^{p-1}(2^p - 1),$$

且 p 与 $2^p - 1$ 都是素数时,N 就是一个完全数。请看:

$p = 2$ 时,$2^1 \times (2^2 - 1) = 2 \times 3 = 6$;

$p = 3$ 时,$2^2 \times (2^3 - 1) = 4 \times 7 = 28$;

$p = 5$ 时，$2^4 \times (2^5 - 1) = 16 \times 31 = 496$；

$p = 7$ 时，$2^6 \times (2^7 - 1) = 64 \times 127 = 8128$。

不过，当 $p = 11$ 时上面这个法则就不灵了。因为 11 虽是一个素数，但 $2^{11} - 1 = 2047$ 不是，因为 $2047 = 89 \times 23$ 是个不折不扣的合数，所以 $p = 11$ 的情况要被"开除"。11 的下一个素数是 13，而

$$2^{12} \times (2^{13} - 1) = 4096 \times 8191 = 33550336，$$

它便是上文提到的第 5 个完全数。

完全数有许多奇妙的、鲜为人知的性质，连许多数学辞典都漏掉了，这委实令人惊讶。

闲话少说，下面就来补充几点：

第一点，所有的完全数，除了第 1 个 6 以外，其"弃九余数"（也叫"根数"）毫无例外地都等于 1。比如说 8128，显然 $8 + 1 + 2 + 8 = 19$，用"弃九法"直接弃去末位的 9，剩下的就是 1。至于其他的完全数，你可以自己试试看。

第二点，所有的完全数，都可以表示为 2 的连续正整数次幂之和［从 2 的 $(p-1)$ 次方加到 2 的 $(2p-2)$ 次方］。例如：

$$6 = 2^1 + 2^2 ;$$

$$28 = 2^2 + 2^3 + 2^4 ;$$

$$496 = 2^4 + 2^5 + 2^6 + 2^7 + 2^8 ;$$

$$8128 = 2^6 + 2^7 + 2^8 + 2^9 + 2^{10} + 2^{11} + 2^{12}。$$

第 5 个完全数更妙。虽然它的数字很大，但我们却不可放过。反正我们有计算机，怕它干什么？算一下：

$$33550336 = 2^{12} + 2^{13} + 2^{14} + \cdots + 2^{24}$$

（不要忘了，上面已经说过，此时的 $p = 13$）。

第三项性质更为奇妙，除了第 1 个不守规矩的 6 之外，其他所有的完全数都可表示为连续奇数的 3 次方之和，例如：

$$28 = 1^3 + 3^3 ;$$

$$496 = 1^3 + 3^3 + 5^3 + 7^3 ;$$

$$8128 = 1^3 + 3^3 + 5^3 + 7^3 + 9^3 + 11^3 + 13^3 + 15^3。$$

有人已证明，被加的项数共有 $\sqrt{2^{p-1}}$ 项。

现在我们拿第 5 个完全数试一试，显然它应该表示如下：

$$33550336 = 1^3 + 3^3 + 5^3 + \cdots + 125^3 + 127^3。$$

被加者多达 64 项，真是"不算不知道，一算吓一跳"

啊！现在，我想你可以充分理解，为什么一千多年才勉强跨出一步了。

迄今为止，已发现的完全数统统都是偶数，但也没人能证明奇完全数不存在。不过，当代数学家奥斯丁·欧尔业已证明，如果确有奇完全数，则其必可表示为 $12p+1$ 或 $36p+9$（其中 p 为素数）的形式。有人用计算机检查了 10^{18} 以下的自然数，发现奇完全数一个也没有！

如果真能发现一个奇完全数，无疑会轰动整个数学界。也许，这一步正等着你去跨越呢！

嫉妒的丈夫

3个嫉妒心理非常严重的丈夫，各自带着自己的妻子走到河边。他们都想过河，但河中只有一条小船，至多能容纳两个人。由于每个丈夫都不放心他的妻子与别的男子在一起，除非他本人也在场，所以渡河就成了难题。他们有办法解决这个难题吗？

这个问题非常耐人寻味。设有夫妇 n 对（$n > 1$），小船的容量 x 人，x 当然应大于 1 而小于人的总数。容易看出，当 $x = 4$ 时，无论多少对夫妇都不成问题；当 $x = 1$ 时肯定不行，因为船必须划回来，始终是一个人划来划去，别人又何从得渡呢？所以值得讨论的 x 只限于两个值：$x = 2$ 及 $x = 3$。

下面我们来做文章一开头讲的那道题。设 Aa 表示

一对夫妇，A 男 a 女；另两对夫妇可类似地记为 Bb 及 Cc。我们可以列出渡河方案如下：

状态	河的此岸	河的彼岸
（1）	$AaBbCc$	—
（2）	$ABCc$	ab
（3）	$AaBCc$	b
（4）	ABC	abc
（5）	$ABbC$	ac
（6）	Bb	$AaCc$
（7）	$AaBb$	Cc
（8）	ab	$ABCc$
（9）	abc	ABC
（10）	c	$AaBbC$
（11）	ac	$ABbC$
（12）		$AaBbCc$

人们已经证明，$x=2$ 时，4 对夫妇就没有办法过河了；$x=3$ 时，最多可以渡过 5 对夫妇，但 6 对就没有办法了。有人系统地研究了各种情况，最后得出下面的结论性意见：

小船容量 x	2	3	4
最多可以渡河的夫妇对数 n	3	5	不受限制
渡毕所需的最少来回次数 N	11	11	$2n-3$

最早把这个世界名题引进中国的，是中国数学会第一届理事、扬州中学数学教师陈怀书先生。我国数学科普作家、哈军工教授薛鸿达先生曾写过一篇专文《渡河难题》，对此问题进行全面的介绍。

图解渡河难题

春秋战国时代，楚国和晋国连年打仗、伤亡惨重，结下了很深的仇冤，两国人民之间也因此互不信任。在历次战争中，楚国失败的次数多，所以晋国人都害怕楚国人报复。

有一次，3个楚国商人和3个晋国商人一起到齐国经商。齐国的主顾要求他们6个人同日到达，说是这样才好接待和拍板成交。为此，他们只好结伴同行，一路上却是钩心斗角。

一天傍晚，他们来到一条大河边。河水很深，他们又都不会游泳，河上也没有桥。幸好岸边有一条小船，可是船太小了，一次最多只能渡过两人。这6个商人，人人都会划船。为了防止意外发生，不论在河

的这一岸还是那一岸，或者在船上，都不允许楚国的商人数超过晋国的商人数。

请问，按照上面的规定，怎样才能把这 6 个人全部渡过河去？

解决这个比较复杂的渡河问题，可以采用在括号里写数的办法，来记录河左岸人数的变化情况。括号中的一对数，前一个表示楚国商人数，后一个表示晋国商人数。例如（2，3），就是说河的左岸有 2 个楚国商人、3 个晋国商人。

开始时，6 个商人全在左岸，采用上述记法，就是

（3，3）。我们的目的是要使他们全部过河，到达右岸，所以终极目标是（0，0）。问题是怎样才能从（3，3）逐步演变到（0，0）呢？

按规定，有些情况是不许可的。例如（3，2），说明在左岸的楚国商人比晋国商人多，这就不行。于是，许可的情况只有

$$(3,3),(2,3),(1,3),(0,3),(2,2),$$
$$(1,1),(0,0),(1,0),(2,0),(3,0)$$

这 10 种。至于船上的情况，因为船最多渡两人，不会发生楚国商人比晋国商人多的情形，所以不用考虑。

为了说明小船在左岸还是在右岸，我们画一条横线，横线上方括号里的数对，表示船在左岸时的情况；横线下方括号里的数对，表示船在右岸时的情况。

要是从横线上方情况可以一步演变到横线下方情况（当然这时由下方情况也一定可以演变回去），就在上下方之间连一条线。例如，从上方的（3，3），可以一步变到下方的（2，3），或者（2，2），（1，3），就在（3，3）和这 3 个括号间各画一条线。把所有可相连的线都画出来，就得到了如下的一张图（见下页）：

102

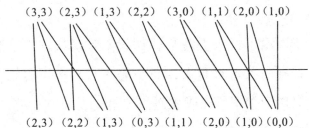

把这张图翻译出来，便是：

第1步，两个楚国商人从左岸到右岸；

第2步，其中一个划船回到左岸；

第3步，回去的那个与原先留在左岸的那个楚国

商人一起渡河；

第4步，一个楚国商人划船回来；

第5步，两个晋国商人过河；

第6步，一个楚国商人和一个晋国商人回来；

第7步，两个晋国商人过河；

第8步，一个楚国商人回来；

第9步，两个楚国商人过河；

第10步，一个楚国商人回来；

第11步，两个楚国商人过河。

至此，全部人员渡河完毕。

从图上看出，共有4种最好的渡河办法，都要渡

11 次。

弄明白了这个办法后，你就不难解决：当楚国商人和晋国商人各有 6 人，而小船一次最多可容纳 5 人时，只用 7 步就可完成渡河。

要是不限定步数，只要小船每次最多可容纳 4 人，那就可以证明，任意数目的楚国商人和晋国商人，只要人数相等，都是可以渡过河去的。

这种方法，在数学里叫做"状态分析图"。它在人工智能等学科的研究中，用处很大。

这个问题里用到的图，连线是不带箭头的，表示既可以演变过去，也可以演变回来，叫做"无向图"。在下面一节里，我们要讲的是"有向图"。

高 塔 逃 生

　　这是一个流传在格鲁吉亚的民间故事。

　　三百多年前，格鲁吉亚这片土地被一个凶暴残忍的大公统治着。他有一个独生女儿叫安娜。安娜不但美丽动人，而且心地善良，经常接近和帮助穷苦人。安娜到了谈婚论嫁的年龄，大公准备把她许配给邻国的一个王子，可是她却偏偏爱上了年轻的铁匠海乔。出嫁的日子眼看就要到了，安娜和海乔为了能够永远在一起，冒险逃进了深山，可不幸的是又被大公手下的人抓了回来。

　　大公为此暴跳如雷，当天夜里就把他们关在一座没有完工的阴森的高塔里，准备第二天处死。与他们关在一起的，还有一个侍女，因为她曾经帮助他们逃跑。

塔很高，塔门被大公封了，只有最顶上一层才开有一扇窗户，但若从那里跳下去，准会摔得粉身碎骨。大公想：派人看守，说不定看守的人会同情他们，帮助他们从那扇窗户逃走。于是，大公下令撤掉一切看管，不准任何人接近那座塔。

安娜与侍女抱头痛哭，绝望使她们感到无比恐惧，可镇定的海乔却始终坚信他们会得救。他仔细寻找塔里有没有什么东西可以帮助他们逃跑。不久，他发现了一根建筑工人遗留在那里的绳子。绳子套在一个生锈的滑轮上，而滑轮装在比窗略高一点的地方，绳子的两头各系着一只筐子。原来，这是泥瓦匠吊砖头用的工具。

海乔曾做过建筑工人，经过一番观察和估量，他断定两只筐子的载重只要不超过170千克、两只筐子的载重差接近10千克又不超过10千克时，筐子会平稳地下落到地面。

海乔知道安娜的体重大约是50千克，侍女大约40千克，自己是90千克。他又在塔里找到了一条30千克的铁链。经过一番深思熟虑，海乔终于使他们3个都顺利地降落到地面，一同逃走了。

你能想出他们究竟是怎么逃走的吗?

这个故事很有趣。只要你反复试探,不断修正,就会找到解决问题的办法:

一、海乔先把30千克的铁链放在筐里降下去,叫侍女(40千克)坐在筐里落下去,这时放着铁链的筐子会上来。

二、海乔取出铁链,让安娜(50千克)坐在筐里落下去。她下降到地面时,侍女会上来。侍女走出筐子,安娜也走出筐子。

三、海乔又把铁链放在空筐中,再一次降到地面,安娜坐进去(这时筐的载重量是50 + 30 = 80千克)。海乔(90千克)坐在上面的筐里,落到地面后,安娜走出筐子,他也走出筐子。

四、放了铁链的筐再次降到地面,这次侍女坐在上面的筐里降落到地面,装着铁链的筐又上来。

五、安娜从上来的筐里取出铁链,自己坐进去,下降到地面,同时侍女坐在另一只筐里被带上来。到达地面后,侍女走出筐子,安娜也走出筐子。

六、侍女把铁链放进筐子,让它降到地面,然后她坐进升上来的空筐安全降到地面。他们3个终于成

功地逃脱大公的魔掌，一起远走高飞了。

高塔逃生的方案我们可以用图来表示。

90千克的海乔、50千克的安娜、40千克的侍女、30千克的铁链，分别用9，5，4，3表示。这4个数可以组成16种不同情况，例如（9，5，4，3）全在塔上是一种，（9，5，4）在塔上是一种，只有（3）在塔上又是一种。通过滑轮和绳子，可以从一种情况变成另一种情况。要是甲可以变成乙，我们就从甲向乙画一条带箭头的线。

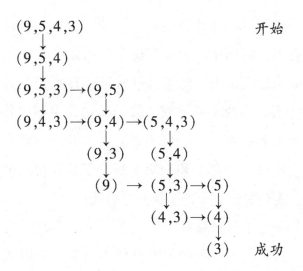

很明显，从（9，5，4，3）到（3），只要找到一条箭头方向一致的路线，海乔他们便得救了。

这个图与渡河的图不一样，连线是带箭头的，说明情况的演变是有方向的，不能够再退回去。这种图叫做有向图。

从图上可以看出，海乔他们有 8 种不同的方案可以逃生，而且只有这 8 种方案。这就是作图法的优点。它可以帮助你找出所有的方案，而不再停留在摸索和尝试阶段。

高塔逃生是个故事，信不信由你，不过下面所说的却是真事了。

1963 年，国外计算机科学家编出了一个名叫"猴子吃香蕉"的程序。一只没有生命的猴子（机器人），在房间里踱来踱去。忽然，它看见了挂在天花板上的一串香蕉，不禁垂涎欲滴。可是，它的手不够长，怎么也拿不到香蕉。猴子仍不死心，它开动脑筋，看到房间里还有一个台子和一块木板。于是，它就把木板架好，走到台子上，伸手抓到了香蕉。

猴子吃香蕉和海乔高塔逃生，是两个毫无关系的问题。可是，海乔和猴子都自觉不自觉地运用了数学里的状态—手段分析法，来解决问题。

状态—手段分析法，是一种非常重要的数学方法，在科学研究中用处很大。比如说，过去用人工方法合成维生素 B_2，一个人需要一千年；现在采用状态—手段分析法，用电子计算机编个程序，只用 6 分钟就找到了 6 种不同的合成方法。你看，数学方法多么神奇！

高水平的剪拼

几何图形的剪拼与人类的生产生活关系密切，尤其是正方形的剪拼既简单又有趣，与人们的日常生活密不可分。第一本研究这个问题的书，是 10 世纪的阿拉伯数学家魏发写的。在我国，最著名的例子是七巧板的游戏。

七巧板是一种智力游戏，已有一千多年的历史。它把一个正方形分成固定的 7 块，就可以拼出千变万化的图案来。

剪拼图形，属于几何学的等积变形。懂得等积变形不难，可剪拼的技巧着实不简单！有一个古老的剪拼难题：怎样把 3 个一样大小的正方形，剪拼成一个大正方形？第一个解决它的人是魏发，现在我们把他

的剪拼法叫"魏发剪拼法"。他的办法是：先把两个正方形按对角线剪开，再把它剪拼成一个大正方形（图2-1）。

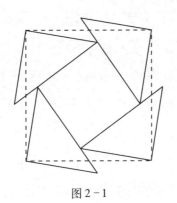

图 2-1

他的方法确实简便，就是块数多了一点，要 9 块。20 世纪初，英国一个叫杜德奈的人提出了更为巧妙的

剪拼法。如图 2－2，剪拼时，先以 A 为中心，AD 为半径作圆，与 CG 的延长线交于 B 点。在 DC、HG 上分别取点 E、F，使 $DE = FG = BC$。按照他的方法，只要分成 6 块就行了，图 2－3 就是拼成的大正方形。

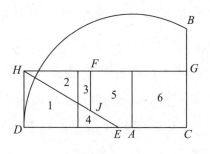

图 2－2

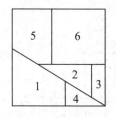

图 2－3

如有兴趣，你不妨想一想，能不能找到更好的剪拼法？

剪拼法如此引人入胜，除了和人们生产生活密切相关外，还有以下两个原因：

首先，解决这类问题一般没有现成的章法可循。一个人可以充分发挥自己的直觉、智慧与创造性，取得出人意料的成绩。

其次，在大多数情况下，不能证明现有的剪拼法中的分割块数是最少的。某个纪录随时可能被新的、更巧妙的剪拼法打破。

研究这个问题的著名专家是澳大利亚数学家林特格林，他是 20 世纪打破剪拼纪录最多的人。林特格林曾整理出一张剪拼问题的纪录表（见下表）。表中的空

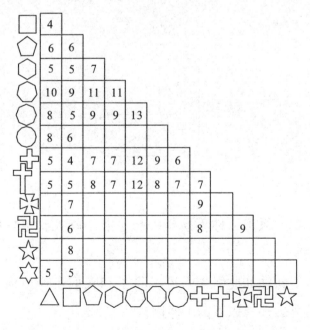

114

白位置，表示当时那种剪拼法还没有研究出来；或者虽然有了，可是块数太多，还不够埋想。

林特格林研究出了两种正方形的剪拼法：

一种叫做"长带子法"。例如，要把一个拉丁十字剪拼成正方形，可以先把这种图形分别剪拼成两对边平行的长条带。如图2-4，照图中实线的剪法，就能把拉丁十字剪拼成一条

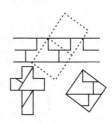

图2-4

长带子。然后，把一条长带子放在另一条长带子（做两条这样的长带子）上推移，尝试各种位置，直到发现最有利的位置为止。图2-4就是把拉丁十字剪成5块，再拼成正方形的办法。

另一种叫做"镶嵌图案法"。例如，要把一个正八边形剪拼成一个正方形，就可以使用这种方法。我们知道，在正八边形之间加上一个小正方形，可以组成镶嵌图案铺满整个平面。只要分别把它们画在透明纸上，再把一种图案放在另一种图案之上推移，尝试各种有利位置，就能发现巧妙的剪拼法了（图2-5）。用这种方法，可以找到把正八边形剪成5块后拼成正方形的办法。

用镶嵌图案法，林特格林又想出了把一个希腊十字，剪拼成两个小的希腊十字的方法，共剪了 5 块，如图 2－6。

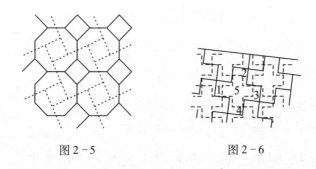

图 2－5 　　　　　　　　图 2－6

下面的 5 个剪拼图，其中 4 个是林特格林想出来的。特别是那个把正十二边形剪拼成希腊十字的图（图 2－7 中的 2），在 1957 年发表后，引起了巨大的反响。

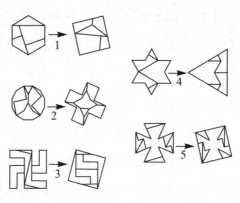

图 2－7

　　我们知道，两个面积相等的多边形，总可以把其中的 个剪成有限块，再拼成另一个。这是可以证明的，也是剪拼技巧能蓬勃发展的依据！

　　但是，两个体积一样的多面体，是不是也能把其中一个剖成几块拼成另一个呢？这就是"希尔伯特第三问题"。希尔伯特的学生戴尼回答了这个问题，答案是"不一定"。他证明：不能把正四面体剖成有限块拼成一个立方体！

完美正方形

　　玩具厂生产各种规格的正方形拼板。一天，哥哥大明在玩具厂废品堆里拣出了21块方板，一量，它们的边长分别是2，4，6，7，8，9，11，15，16，17，

118

18，19，24，25，27，29，33，35，37，42，50。弟弟小明拿来一看，心想：如果能将它们拼成一块大方板多好啊！于是，小明计算了一下各块板的面积。哈哈！巧得很，它们的总面积正好等于 112^2。但是，这 21 块方板究竟能不能拼成一个大正方形呢？具体又怎么拼呢？

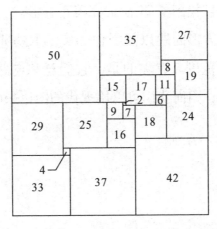

图 2－8

其实，这个问题的答案是肯定的。这 21 块方板可如图 2－8 拼成一个大正方形。

这个边长为 112 的正方形，称为"完美正方形"。所谓完美正方形，是指它可以用一些大小各不相同、并且边长为整数的小正方形铺满。这些小正方形的个

数，称为完美正方形的"阶"。图2－8中的大正方形，就是一个21阶的完美正方形，而且这种拼法是唯一的。

开始，人们只能作出26阶和28阶的完美正方形。1962年，荷兰数学家丢伐斯丁，证明了不存在小于或等于19阶的完美正方形；1978年又证明了20阶的也不存在，并且找到了21阶的完美正方形。

完美正方形问题以及类似的完美长方形问题，属于组合数学范围。有趣的是，它们竟和电路网络理论有密切关系，因而我们可以用现代的图论来研究它。

货郎担问题

　　一位企业家打算在全国范围内推销他的高科技产品。他从上海出发，前往北京、天津、重庆、沈阳、广州、西安、杭州、南京、乌鲁木齐等各大城市，最后回到上海。他打算去的地方，任意两点之间假定都有直航可通。试问：他应该选择怎样一条路线，才能使总路程最短？

　　这就是运筹学上有名的"货郎担问题"，也叫"旅行售货员问题"。如用几何提法就是：在平面上有 n 个不同的点，以这些点为顶点，作一条封闭折线，使折线长最短。这最短的回路，就叫做"最佳回路"。

　　可以证明，通过有限个点的最佳回路是存在的，且最佳回路自身不相交。如果所给定的 n 个点，能够

121

哪个是最短回路呢？

顺次连成一个凸多边形，那么，这个凸多边形就是最佳回路，而且它是唯一的。

四点最佳回路问题在几何上已完全解决。在讨论时，我们不妨排除一些十分浅易的情况（例如三点在同一直线上，或四点能组成凸四边形），假定四点中任何三点都不共线，而且有一点位于另外三点所组成的三角形内部。

作出△ABC，然后以 B、C 为焦点，过 A 作双曲线的一支；以 A、B 为焦点，过 C 作双曲线的一支；再以 A、C 为焦点，过 B 作双曲线的一支。可以证明，这三支双曲线必相交于一点，我们称这一点为界点，记为

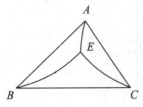

图2-9

E；双曲线段 EA，EB，EC 称为界线（图2-9）。

可以证明，如果第四点 D 落在封闭曲线 EBC 内，则回路 $ABDC$（图2-10 的回路1）就是最佳回路；与此类似，若 D 落在 EAC 或 EAB 内部，则相应的回路2与回路3就是最佳回路（图2-10）。

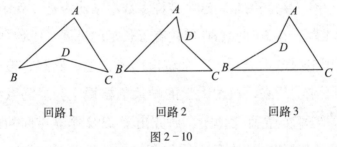

回路1　　　　回路2　　　　回路3

图2-10

如果第四点 D 是界线上的任一点，则通过 A、B、C、D 四点有两条等长的最佳回路；如果第四点 D 与界点 E 重合，则通过 A、B、C、E 的任何回路都是最佳回路。

至此，四点的情况完全解决了。但随着点数的增多，几何方法就显得黔驴技穷。这时，一般可利用运筹学中的"动态规划法"或"分支界定法"，来解决这类问题。

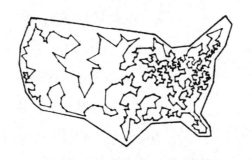

美国电报电话公司最佳巡回路线图

令人高兴的是，这个被许多数学家认为是"死结"的难题，在 20 世纪 80 年代有了长足的进展。1986 年，美国电报电话公司 532 个城市的最佳巡回路线，被确定下来。后来，纽约大学的帕德伯格博士与罗马系统分析学院的雷那蒂博士，研究出了 2392 个城市间的最佳巡回路线，这真是空前的跃进。遗憾的是，解决问题的方法是保密的，因为它的潜在军事价值与经济意义实在太大了。

请你也来猜想

数论是研究整数性质的一门学科。在数论里头，除了著名的哥德巴赫猜想外，还有大量的猜想至今既证明不了，也推翻不了，正等着人们去解决。

一个猜想，要是得到证明，就"升级"为定理；要是被推翻，就不称其为猜想了。所以，提出猜想是一件重要的事情，并且往往需要反复观察、归纳和实验。

瑞士数学家欧拉曾经猜想：任何正整数，都可以表示为不超过 4 个完全平方数的和。他是怎样提出这个猜想的呢？原来，他把全体正整数 1，2，3，4，…顺次排列起来后发现：只考虑 1 个完全平方数（$1 = 1^2$，$4 = 2^2$，$9 = 3^2$，…）时，有大量的正整数不能这样

表示；若允许正整数表示为 2 个或 3 个平方数的和（2
$= 1^2 + 1^2$，$3 = 1^2 + 1^2 + 1^2$，$5 = 2^2 + 1^2$，$6 = 2^2 + 1^2 + 1^2$，
$8 = 2^2 + 2^2$，$10 = 3^2 + 1^2$，…）时，不能这样表示的正
整数虽然还有，但已大大减少了；若允许正整数表示
为 4 个平方数的和（$7 = 2^2 + 1^2 + 1^2 + 1^2$，$15 = 3^2 + 2^2 + 1^2 + 1^2$，…）时，不能这样表示的正整数就没有了。

当然，用观察、归纳和实验的方法，只能提醒我
们可能有某种关系，不能代替证明。后来，法国数学
家拉格朗日证明了这个猜想，使它成为了一个定理。

费尔马曾经猜想：由 $2^{2^n} + 1$ 产生出来的数都是素
数。他真的找到了几个例子：当 $n = 0$，1，2，3，4

126

时，由 $2^{2^n}+1$ 得到的数 3，5，17，257 和 65537，全都是素数。不料后来有人指出，当 $n=5$ 时，$2^{2^5}+1=2^{32}+1=4294967297=641\times6700417$，就不再是素数了。一个反例，就把费尔马的猜想给推翻了。

下面是 3 个数论上有趣的猜想。

第一个猜想是：

$$41+2=43；\qquad 43+4=47；$$

$$47+6=53；\qquad 53+8=61；$$

$$61+10=71；\qquad 71+12=83；$$

$$83+14=97；\qquad 97+16=113；$$

$$113+18=131；\qquad 131+20=151；$$

$$151+22=173；\qquad 173+24=197；$$

$$197+26=223；\qquad 223+28=251；$$

$$251+30=281；\qquad 281+32=313；$$

$$313+34=347；\qquad 347+36=383；$$

......

你看，从 41 开始，依次给它加上 2，4，6，8，…… 这样得到的数竟然都是素数！

于是有人猜测，这个规律兴许能一直保持下去。遗憾的是，这个猜测至今还只是"猜想"。也许，它正等着你去证明（推翻）呢！

第二个猜想是：在数论上，差数是2的两个素数，叫做双胞胎素数，也叫双生素数。最小的一对双生素数是3和5，其他还有5，7；11，13；17，19；29，31；41，43；59，61；71，73；…数字越大，它们就越稀少。

现在，人们已找到了不少数值很大的双生素数。1978年，人们发现了一对303位的双生素数。1979年，人们又发现了两对数值更大的双生素数：较小的一对是 $694503810 \cdot 2^{2304} \pm 1$；较大的一对是 $1159142985 \cdot 2^{2304} \pm 1$，它们的位数有703位之多。

尽管越到后面，双生素数就越稀少，可它们看起来似乎是没有穷尽的。于是，人们猜测双生素数有无限多对，这便是著名的"孪生素数猜想"。你看呢?

第三个猜想是：一次，英国人类学家福钦注意到一个奇妙的现象：他从最小的素数2开始，乘上一些连续的素数，再加上1；然后，找出比这个答数要大的下一个素数；接着，从这个素数中减去上述的连乘积，结果福钦发现，所得到的数竟然全是素数！

请看实例：

2 + 1 = 3（下一个素数是 5）；

（2×3）+ 1 = 7（下一个素数是 11）；

（2×3×5）+ 1 = 31（下一个素数是 37）；

（2×3×5×7）+ 1 = 211（下一个素数是 223）；

（2×3×5×7×11）+ 1 = 2311（下一个素数是 2333）；

（2×3×…×13）+ 1 = 30031（下一个素数是 30047）；

（2×3×…×17）+ 1 = 510511（下一个素数是 510529）；

（2×3×…×19）+ 1 = 9699691（下一个素数是 9699713）；

……

从这些素数中，减去各自对应的连乘积，得

5 − 2 = 3；11 − 6 = 5；

37 − 30 = 7；223 − 210 = 13；

2333 − 2310 = 23；30047 − 30030 = 17；

510529 − 510510 = 19；9699713 − 9699690 = 23；

……

福钦认为，照他这种办法做下去，所得到的数都是素数。许多数论专家也都相信这一点。你看呢?

那么，是不是每一个猜想，将来都要被推翻或者被证明呢?

也不见得! 1931 年，美国数学家哥德尔证明了一个十分重要的定理：在数论里，有许多这样的命题，它们既不能被推翻，也不能被证明。这个定理使许多数学家大吃一惊! 从此，数学家对猜想有 3 个努力方向：第一，证明它；第二，推翻它；第三，说清楚它既不能被证明、也不能被推翻的道理!

数学面前人人平等，只要你愿意做一个勇敢的探险者，你就会发现，数学并非高不可攀。来，让我们一起探险去吧！

李 善 兰

　　说到方程，你可能再熟悉不过了。因为从小学五年级起，我们就开始列方程、解方程。但你可知道，"方程"这个名词是谁制定的吗？他，就是我国近代最有成就的数学家——李善兰。

　　1811 年 1 月 2 日，李善兰生于浙江海宁县硖石镇北首。10 岁时，一次，他在私塾里看到书架上有一本《九章算术》，就偷偷拿下来看。没想到，他不仅看懂了，而且入了迷。从此，他对数学产生了浓厚的兴趣。15 岁时，他又开始阅读明朝徐光启和天主教传教士利玛窦合译的《几何原本》前 6 卷。这套书对他的影响很大，促使他把数学作为自己今后的研究方向。他如饥似渴地阅读他能找到的各种中外数学著作，数学水

平越来越高。30 多岁时，李善兰成为国内一位颇有名气的数学学者。他还结交了许多知名数学家，如金山的顾观光，湖州的徐有壬，杭州的戴煦，南汇的张文虎，无锡的华蘅芳等。

1852 年 5 月，李善兰来到上海，住在老北门附近的大境杰阁。他与当时在上海的英国人伟烈亚力（1815 年~1887 年）过从甚密，两人合作翻译欧几里得的《几何原本》后 9 卷，"继续徐、利二公未完之业"。他们的翻译办法与徐光启、利玛窦相似，由伟烈亚力口述，李善兰执笔。李善兰十分勤奋，"朝译几

何，暮译重学（即力学）"，经常夜以继日。由于他数学功底深厚，对西洋算法颇有研究，所以在翻译中障碍很少，两人合作愉快，进度很快。其间虽因科举考试、逃避战乱等原因多次中断，但他们始终没有放弃，于1856年翻译完毕并出版。

他与伟烈亚力、艾约瑟等人合译的《代微积拾级》18卷、《谈天》18卷、《代数学》13卷、《重学》等书，对后世影响很大。尤其是《代微积拾级》18卷，是我国第一本微积分教科书，1859年5月由上海墨海书馆印行。此书的作者是美国人罗密士，译名的"代"指的是"代数几何"（解析几何的旧称），"微"指的是"微分"，"积"指的是"积分"。这是我国首次正式使用"微积分"这一概念，并一直沿用到今天。

除了翻译外国数学家的著作，李善兰自己也写了大量著作，包括《弧矢启秘》、《级数回求》等13种，共24卷，后来汇集成一部巨著叫《则古昔斋算学》。李善兰在素数理论与级数方面成绩卓著，提出了闻名于世的"李善兰恒等式"。他的级数知识既广且深，能指出各家级数理论的不足之处。

除了数学之外，李善兰兴趣广泛，40岁时曾一度

住在嘉兴，与许多文人打过交道，还写过不少诗。正因为他的文学素养很高，所以经他制定的学术名词既科学又通俗，还很有文采。他制定的大多数名词经受住了时间的考验，例如"函数"、"级数"、"变量"、"星云"、"光行差"、"分力"、"质点"、"刚体"等数学、物理与天文学名词，直到今天仍在使用。

59 岁时，李善兰来到北京，进了同文馆，担任算学总教习，培养了不少人才，直到 1882 年 12 月 9 日去世，享年 71 岁，死后葬于浙江海盐县。

图　灵

　　现在，电子计算机进入了千家万户，应用已超过3000 种。说起电子计算机的历史，大家会不约而同地想起第一台通用电子计算机的设计师——数学家约翰·冯·诺伊曼。可是，冯·诺伊曼不止一次说过，图灵才是现代计算机设计思想的真正创始人。

　　艾伦·图灵 1912 年生于伦敦。少年时，他就表现出在数学和自然科学上的天赋。1931 年，图灵进入著名的剑桥大学专攻数学。一、二年级时，他成绩平平，表现一般。但三年级后，他突然爆发，常有惊人之论，开始显示出他在数学上的才华与创造，不断赢得师友称道。毕业后，因表现突出，他留校当了助教。

　　1936 年，24 岁的图灵发表了著名的"图灵机"设

想。所谓"图灵机"，并不是什么具体的机器，而是一台理想的机器。它由 3 部分构成：一台控制机，一条带子和一个读写头。带子被分成许多小格，每一小格存一个符号，读写头沿着纸带移动，从而向控制机传输信息。这台理想机器虽然极其简单，但奥妙无穷，它具备计算机的所有功能。虽然巴贝奇在一百多年前，就已经开始了通用数字计算机的研制工作，但只是到了图灵这里，才奠定了坚实的理论基础。

第二年，图灵的著作出版了，里面有关于"图灵机"的论文，引起了学术界的注意。1938 年，他取得物理学博士学位，并被委任为冯·诺伊曼博士的助手。不久，图灵回到英国牛津大学任教。

1939 年，希特勒发动"闪电"战后，图灵毅然投笔从戎。应召入伍以后，他被派到英国外交部，从事极端机密的工作。据说，英国外交部采用了图灵的建议，于 1943 年研制出破译密码的专用机器，破译了德国的许多密码。由于功勋卓著，图灵被授予大英帝国勋章。

1945 年，第二次世界大战结束，图灵退役，进入英国国家物理研究所。他以极大的热情投入自动计算机的研制工作。这台机器名叫 ACE，是第一代电子管计算机，1950 年研制成功（但那时图灵已经离开了研究所）。

图灵离开物理研究所后，进入曼彻斯特大学，和当时计算机科学界的一些先行者合作共事。此时，他已经成为这门年轻学科的权威。1950 年，他发表了《计算机能思考?》的著名论文，并提出了至今仍常被引用的"图灵试验"。试验是这样的：规定一个人不准接触其对手，但是可以同对手进行一系列的问答与操作。如果这个人无法判断他的对手是人还是计算机，那就可以认为这台计算机已经具有同人类相当的智力。

正当图灵的事业如日中天时，1954 年，他却突然去世。至今，他的死因仍是个谜，有人说他死于一次化学实验事故，有人说他是自杀。

图灵虽然只活了 42 岁，但成就巨大，是 20 世纪的杰出数学家。为了纪念他，英国计算机协会（ACM）设立了计算机科学的最高荣誉奖——"图灵奖"，每年将此奖项授予对计算机科学有突出贡献的学者。

他 有 多 大

　　诺伯特·维纳无疑是 20 世纪最伟大的数学家之一。他是信息论的先驱，又是控制论的奠基者，对现代计算、通讯、自动化技术、分子生物学等前沿学科，都有着极为重要的影响。

　　维纳是个当之无愧的"神童"。他智力超群，3 岁能读写，7 岁能阅读和理解但丁、达尔文的著作，14岁大学毕业，18 岁获得美国名牌大学——哈佛大学的科学博士学位。

　　在学位授予仪式上，贵宾云集，谈笑风生。有人见维纳一脸稚气、乳臭未干的样子，不禁好奇地问道："请问阁下您的年龄?"维纳的回答倒也十分有趣，他说："我今年岁数的立方是个 4 位数，岁数的 4 次方是

个 6 位数。如果把两者合起来看，它们正好把 0，1，2，3，4，5，6，7，8，9 统统用上去了，不重不漏——这意味着全体数字都向我'俯首称臣'，预示我将来能在数学领域干出一番惊天动地的事业！"

维纳的话使四座皆惊。"他今年到底多大？"成了会场上压倒一切的中心议题。

此题极有趣，但并不难解。不过，发现它倒是需要一些数学"灵感"的。由于 22 的立方等于 10648，已经是个 5 位数，所以比 22 大的数肯定不符合条件；又因为 17 的 4 次方等于 83521，是 5 位数，所以小于 17 的数肯定也不符合条件。

因此，维纳今年的岁数只能从 18，19，20，21 这

4 个数中找。由于 $20^3 = 8000$，$19^4 = 130321$，$21^4 = 194481$，这 3 个数都出现了数码重复现象，所以也应该排除掉。剩下 18 这个数，我们验证一下：

$$18^3 = 5832, \qquad 18^4 = 104976。$$

请看，从 0 到 9，10 个小把戏都服服帖帖地向维纳"俯首称臣"了！

"自古英雄出少年"，为了培养天才儿童，中国科技大学在合肥开办了少年班，成绩斐然，至今已培养出了大批杰出人才。这是我国采取的一项很有远见的教育措施。

菲 尔 兹 奖

有的小读者问，许多科学家都得过诺贝尔奖，为什么其中就没有数学家呢？为了回答这个问题，让我们先从诺贝尔奖谈起。

诺贝尔奖是瑞典著名的发明家、化学家和工程师阿尔弗雷德·诺贝尔（1833 年 ~ 1896 年），用其部分遗产（大约 920 万美元）作为基金创立的。按照他的遗嘱，把基金的利息分作 5 份，授予在物理、化学、生理或医学方面有重大发明者，在文学方面有最优秀作品问世者，对调停各国间纠纷、废止或裁减常备军及对和平会议的组织等方面尽了最大努力者。

但是，由于诺贝尔个人的成见，号称"科学女王"的数学，竟然不在授奖学科之内，真是一大憾事。不

过，这个缺陷后来总算得到了弥补。

加拿大数学家菲尔兹（1863 年～1932 年）曾长期在多伦多大学任教，从事代数函数的研究。他致力于发展数学家之间的国际交往，是英国皇家学会、俄国科学院等许多国家学会的成员。

1924 年，国际数学家会议在多伦多举行。菲尔兹在会前多方奔走，募集了大宗款项。在这次会议上，他建议设立国际性的数学大奖，以表彰杰出的数学家，并表示自己愿意提供基金。1932 年，菲尔兹去世。同年，国际数学家会议在瑞士苏黎世召开。为了实现菲尔兹的生前愿望，大会决定接受他的倡议。按照菲尔兹的提议，这项奖应该叫国际奖，而不以任何国家机构或个人的名字命名；但大家都希望用菲尔兹的名字命名该项奖，以纪念和表彰这位具有远见卓识的数学家。1936 年，第一次菲尔兹奖授奖活动在挪威首都奥斯陆举行。

国际数学家会议每隔 4 年召开一次，除了因战争等特殊原因中止以外，一直延续至今。每届会议都要授予 2 至 4 人金质奖章。虽然它的物质利益远远比不上诺贝尔奖，但在世界数坛上，菲尔兹奖丝毫不比诺贝尔奖逊色。现在，菲尔兹奖被公认为国际数学界的最高荣誉。

按照菲尔兹的倡议，奖章只能授予比较年轻的数学家，获奖者的年龄不应超过 40 岁。

在 1982 年的国际数学家会议上，34 岁的美籍华裔数学家丘成桐教授荣获了菲尔兹奖。这也是中国人首次荣获该项大奖。现在，他已成为美国普林斯顿高等研究院的终身教授。

丘教授出生于汕头，原籍广东蕉岭。他早年丧父，与母亲相依为命，家境非常贫穷。可就是在这样艰苦的生活条件下，他刻苦学习、努力钻研，终于彻底解决了著名的"卡拉比猜想"。

向人类的智慧挑战

　　1824 年和 1828 年，世界数学界上空先后升起了两颗灿烂的新星：22 岁的挪威青年数学家阿贝尔（1802 年 ~ 1829 年）和 17 岁的法国青年数学家伽罗瓦（1811 年 ~ 1832 年）。他们解决了"向人类的智慧挑战"达三百年之久的数学难题：阿贝尔证明了一般五次以上的代数方程不存在根式解；伽罗瓦找到了能有根式解的特殊五次以上方程的充分必要条件。

　　他们的成就，震惊了整个数学界。后来，数学家们根据他们的思想和方法，创立了群论和近世代数学，开创了代数学的新时代。

　　方程是自然界中已知和未知关系的数学表达式，方程的解法是人们从已知走向未知的金钥匙。为了找

146

你这样是找不到方程的解法的！

到这把钥匙，一代又一代的人付出了艰苦的努力，进行了不懈的探索。

人类很早就知道了一元一次方程的解。9世纪时，中亚细亚的数学家阿尔·花拉子米求得了一元二次方程的根式解，为二次方程的求解画上了一个圆满的句号。人们开始向三次方程进军。经过六百多年的探索和努力，这个难题终于在16世纪被意大利数学家塔塔利亚攻克。不久，意大利的"仆人"数学家费拉里给出了四次方程的解法。四次方程的解决，使人们迅速把眼光投向了下一个目标——五次方程。

四次方程轻松解决后，人们以为五次、六次甚至更高次方程的根式解近在咫尺了。然而，人们错了！

在此后的二百多年中，无数的数学家和数学爱好者，耗尽心血、绞尽脑汁，仍然一无所得。

19 世纪初法国著名的大数学家拉格朗日，也是求根公式的热心探索者。他曾创造出一些新的研究方法，企图一举摧毁这座堡垒。遗憾的是，他历尽千辛万苦研究出来的方法，对五次以下的方程颇具威力，但对五次以上的方程仍然无能为力。他曾经想过，也许不能用根式解五次以上的一般代数方程；但他又无法证明这个想法。面对这个世界性的数学难题，拉格朗日感慨地说："它好像是在向人类的智慧挑战。"

1824 年，也就是拉格朗日去世后 11 年，人类的智慧终于赢得了胜利。解决这个世界性数学难题的，是挪威年轻的数学家阿贝尔。

1802 年，阿贝尔出生于挪威一个贫困的乡村牧师家庭。他从小就很喜欢数学。上中学时，一次，数学老师洪保在课堂上向同学们讲述五次方程向人类挑战的故事。同学们听后有的摇头，有的叹气。独有阿贝尔站起来说他要攻克这个难题。他的行动立即招来同伴们的讽刺和挖苦："中学还没毕业呢，太自不量力了。数学殿堂还没有进，就想攻难题，真是'癞蛤蟆想吃天鹅肉'。"但洪保非常赞赏阿贝尔这种初生牛犊不怕虎的勇气，坚决支持他的想法，后来成为阿贝尔的终生好友。

在洪保的鼓励下，阿贝尔把一些著名数学家的著作找来阅读，潜心研究了数学大师高斯、拉格朗日等人的工作。阿贝尔最初仿照高斯解二次方程的方法，试图找出一般五次代数方程的根式解，但失败了。在遭到接连不断的挫折后，他很快转变了思路，明白长时期以来这么多人的失败，预示五次方程不可能有根式解。经过深思熟虑、苦心钻研后，阿贝尔终于证明了自己的这一观点。

阿贝尔在解决了困惑数学界二百多年的难题之后，欣喜若狂。他东奔西走，把论文投到一个又一个杂志社，可是，没有任何刊物愿意发表它。很多人都不相信自己的眼睛和耳朵：难道困惑数学界几百年的数学难题，竟被一个无名小卒攻破？人们冷漠地对待这个出身卑微、生活窘迫的"乡下佬"和他的论文。最后，阿贝尔不得不自己出钱印刷论文。但因为经费不足，他只得把论文缩短，所以证明写得不够充分。直到1825年，他的论文才得以在柏林的一家杂志上详细发表。

　　阿贝尔证明了一般五次方程没有根式解，那么，有根式解的特殊高次方程应具备什么条件呢？他还没来得及解决，就在贫病交困中离开了人世，死时年仅27岁。此时，他已被柏林大学聘为数学教授，但当聘书寄到时，他已去世3天了。

　　法国年轻的数学家伽罗瓦，接过了阿贝尔传下来的接力棒。少年时的伽罗瓦常被人看做傻瓜和白痴。老师们说他"什么也不懂，没有智慧"，委婉一点的，就说"要么就是他把他的智慧藏得太好了，我们没法子发现它"。

　　天才出于勤奋。伽罗瓦并不灰心，他刻苦学习，上中学后，他在数学方面开始崭露头角。16岁时，他对研究五次以上方程的根式解产生了兴趣。他把欧拉、高斯、拉格朗日等人的著作找来潜心攻读，深入钻研。同时，他还深入研究了阿贝尔的成果。

　　经过苦心钻研，伽罗瓦巧妙而简洁地论证了五次以上代数方程有根式解的充分必要条件。

　　1828年，17岁的中学生伽罗瓦把自己的论文寄给法兰西科学院审查。负责审查伽罗瓦论文的是大数学家柯西。没想到，柯西对此根本不重视，反而把这个"小人物"的文章弄丢了。1830年，伽罗瓦再次将论文送交法兰西科学院。不料，这次负责审查论文的著名数学家傅立叶，又在当年病死，伽罗瓦的论文再次丢失。1831年，伽罗瓦在数学家泊松的鼓励下，第三次将论文送交法兰西科学院。大名鼎鼎的泊松院士看了4个月，竟然看不懂，最后只得在论文上批道："完全不能理解。"但是，伽罗瓦这时来不及把自己的成果写得更简明、详细一些，就以一个激进共和主义者的身份，怀着满腔热血，投身到如火如荼的革命斗争中去了。

当时，法国的"七月革命"刚刚推翻了复辟的波旁王朝，国王查理一世被巴黎人民赶跑，金融大资产阶级的代表奥尔良公爵路易·菲利浦，乘机篡夺了革命果实，当上了法国国王，建立了"七月王朝"。好不容易才考进著名的巴黎高等师范学校的伽罗瓦，又与人民一道，同"七月王朝"展开了激烈的斗争。1831年6月，伽罗瓦因"企图暗杀国王"的罪名被捕。由于警方缺乏证据，不久即被释放。但是，紧接着在7月间，被反动王朝视为危险人物的伽罗瓦再次被抓进监狱。直到1832年4月，由于监狱里流行传染病，伽罗瓦才得以出狱。

冰冷的石墙铁窗，阴暗潮湿的牢房，非人的政治犯待遇，再加上传染病流行，伽罗瓦的身体受到了严重摧残。半年多的铁窗生活，使原本生机勃勃的伽罗瓦面色憔悴、目光呆滞，看上去像个 50 多岁的老头。尽管如此，反动派仍要将他置于死地。他们设下圈套，挑拨伽罗瓦与一个反动军官为所谓的"三角恋爱"决斗。决斗前夕，伽罗瓦把自己的研究成果匆匆写在一封信中，委托朋友交到《百科评论》发表。他在信中说："你可以公开请求雅可比或者高斯，不是对这些定理的真实性，而是对其重要性发表意见。"但是，这封信并没有如他所愿转交到两位大数学家手里。5 月 30 日，伽罗瓦在决斗中身受重伤，第二天早晨就离开了人世。

伽罗瓦死后 4 个月，他的信才在《百科评论》杂志上发表，但当时并没有引起人们的重视。

直到 1846 年，即伽罗瓦死后 14 年，法国数学家刘维尔才把伽罗瓦的遗稿整理发表。这时，伽罗瓦的数学思想才被人们注意和理解。

虽然阿贝尔和伽罗瓦的生命都很短促，像一闪即逝的流星，但是，他们留下的数学思想永载数学史册！

稀世之宝——六角幻方

说起六角幻方，有一段非常有趣的故事。

一个名叫阿当斯的青年，对幻方产生了浓厚的兴趣。他想，既然有正方形的幻方，那么，能不能排出一个六边形的呢？大约从 1910 年起，他开始研究这种"六角幻方"。

很明显，一层的六角幻方不可能存在（图 3-1）。因为若 $x+y=y+z$，必然得出 $x=z$，这是不可能的。于是，阿当斯开始专心研究两层的六角幻方。

图 3-1

当时，他在一个铁路公司的阅览室当职员，白天工作，晚上研究。为了排列起来方便，他特制了 19 块小板子，写上 1 至 19 这 19 个数字。只

要有时间，他就把这些小板子拿出来比画。可是排来排去，总也排不出来。一次又一次的失败，使他十分苦恼。岁月在无情地流逝，白发悄悄爬上了他的鬓角，但他的六角幻方还是没排出来。

1957 年，阿当斯因操劳过度，住进了医院，但那 19 块小板他依然随身带着，不时拿出来摆弄。一天，吃过早饭后他又在病床上摆弄那些小板子，无意之中竟排成功了。他又惊又喜，连忙翻下床，把它记在纸上。几天后，当他病愈回到家时，发现那张纸条竟被稀里糊涂地弄丢了！

阿当斯使劲回忆，却怎么也想不起那个正确的排法了。他又悔又痛，可是有什么办法呢？只能从头再

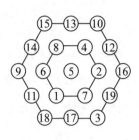

图 3 - 2

来。于是，他又像以前那样，每天排呀排。终于，皇天不负苦心人，1962 年 12 月的一天，阿当斯再次找到了那个六角幻方（图 3 - 2）。此时，他已是一个两鬓斑白的老头了。我们来看他的六角幻方：

15 + 13 + 10，14 + 8 + 4 + 12，9 + 6 + 5 + 2 + 16，

11 + 1 + 7 + 19，18 + 17 + 3，15 + 14 + 9，

13 + 8 + 6 + 11，10 + 4 + 5 + 1 + 18，12 + 2 + 7 + 17，

16 + 19 + 3，10 + 12 + 16，13 + 4 + 2 + 19，

15 + 8 + 5 + 7 + 3，14 + 6 + 1 + 17，9 + 11 + 18，

每行数字的和刚好都是 38！

阿当斯高兴得老泪纵横，立刻把它送给美国著名幻方专家马丁·加德纳看。马丁毕生从事幻方研究，他查阅了所有幻方资料，找不到这样的六角幻方。他觉得自己学识有限，于是又写信给才华出众的趣味数学专家特里格。特里格十分欣赏阿当斯的发现，他想，既然普通的幻方有三阶、四阶、五阶……那么六角幻方一定也能排出两层、三层、四层……他反复研究，

最后却得到了一个出人意料的结论：六角幻方只有两层的，两层以上的六角幻方不可能存在！

1969 年，一名大学二年级的学生阿莱尔，给出了"不可能存在两层以上六角幻方"的极为简单巧妙的证明。为了进一步弄清这种两层的六角幻方，到底有多少种不同的排列方法，他首先排除了那些不可能的排列方式，比如 1，2 不能排在最外层，中心数不能超过 8，等等。最后，他得到 70 种可能的选择，把这 70 种可能的选择——输入计算机测试，最后得出唯一的可能结果——与阿当斯的完全相同，而时间仅用了 17 秒（可怜的阿当斯却用了 52 年）！

这就是说，普通的幻方尽管能排出千千万万种，而六角幻方却只有阿当斯的这一个——怪不得人们称它是数学宝库里的"稀世之宝"！

统治者与几何

古往今来，几何学以其独特的魅力，吸引了众多的数学爱好者和研究者。你也许想不到，在这些人当中，竟然有"位居九五之尊"的皇帝、国王和总统。下面，让我们按照历史的顺序，讲讲这些特殊人物和几何的故事吧！

首先出场的是公元前 3 世纪的埃及国王托勒密。说起托勒密，我们不得不谈到当时的大数学家欧几里得。

欧几里得是古希腊伟大的数学家。他总结前人在生产实践中得到的大量数学知识，编写成划时代的数学著作《几何原本》。这是一部集希腊数学之大成的著作，对后世数学的影响超过其他任何书籍。欧几里得

157

也因此声名大震。

据说，托勒密国王对几何也颇感兴趣。《几何原本》问世后，许多人都附庸风雅，把研读这本书看成是锻炼逻辑推理的好方法，其中就包括托勒密国王。可是，他刚翻几页，就被里面的几何证明弄得头昏脑涨。这使他大为恼火，于是就去问欧几里得："学习几何有简便的方法吗？"不料欧几里得听后，毫不客气地回答："陛下，在您的国家有老百姓走的小路，也有专

为您修建的大路；但在几何学里，没有专为您开辟的大道！"托勒密被兜头泼了瓢冷水，很是扫兴。从此，"几何学中无捷径"就作为一句名言流传下来。

如果说，对几何学的学习，托勒密国王只是一个

还未入门的爱好者，那么，我国清朝的康熙皇帝就与之大不一样了。

康熙帝爱新觉罗·玄烨（1654 年～1722 年）在位61 年，是汉唐以来统治时间最长的君主。他一生都很重视学习西方先进的自然科学。当时，他身边有两位法国传教士张诚和白晋，专门为他讲解数学及其他自然科学知识。

康熙对几何最感兴趣，学习几何常常"连续几小时不辍"，每次学完定理，他还经常动手演算习题。他指示臣下，将中文版的《几何原本》前 6 卷译为满文。对译成汉文和满文的西方数学著作，他也亲自进行校阅。数学巨著《数理精蕴》，就是在其主持下编成的。此外，他还学习了对数与三角，并能熟练应用。

康熙不仅自己喜欢数学，重视西方自然科学，还督促大臣们学习。此外，康熙还非常重视将数学知识应用到实践中。他下令制造的威力强大的"红衣大炮"，在后来平定吴三桂叛乱和反击沙俄侵略中，都发挥了很大的作用。他知道几何知识与测量实践关系密切，所以前后 6 次南巡，每次都要检查河工、水利工作，并多次亲自勘察地形、测量水文。《清史稿》说他："上（皇上的简称）登岸上步行二里许，亲置仪器，定方向，钉桩木，以纪丈量之处。"

除了康熙帝，法国国王拿破仑一世（1769 年 ~ 1821 年）的几何造诣也很深，在古今中外的帝王中堪称独步。拿破仑行伍出身，当过炮兵军官，对射击和测量中用到的几何与三角知识，有很多感性认识。后来，他进一步提高，逐渐从理论角度对几何问题进行探索。拿破仑的一番心血没有白费，在几何学的众多趣题中，有的竟冠上了他的名字！

下面，我们就来简单介绍一下脍炙人口的"拿破仑三角形"。

如图 3-3，请你随便画一个三角形，记为 $\triangle ABC$。在这个三角形 3 条边的外侧，分别以这 3 边作 3 个等边

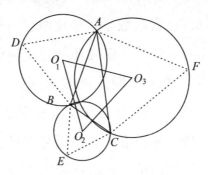

图 3-3

三角形，它们的外接圆圆心记为 O_1，O_2，O_3。连接这 3 点，得到的 $\triangle O_1O_2O_3$ 称为"外拿破仑三角形"。

然后，请在 $\triangle ABC$ 3 条边的内侧，也分别以这 3 边作 3 个等边三角形，设它们的外接圆圆心分别是 P_1，P_2，P_3。连接这 3 点，得到的 $\triangle P_1P_2P_3$ 称为"内拿破仑三角形"（图 3-4）。

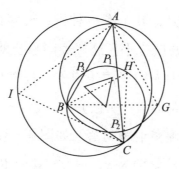

图 3-4

拿破仑证明了下列有趣的事实：

1. 外拿破仑三角形是一个正三角形。

2. 内拿破仑三角形也是一个正三角形。

3. 上述两个三角形的外接圆圆心是同一点。

即使在今天，要证明上述事实也并非易事，何况当时。怪不得一些数学家也对拿破仑的才能心服口服。拿破仑在几何学上有这样深的造诣，与他的谦虚好学是分不开的。他结交了一些大数学家朋友，而且很重用他们。例如拉格朗日和拉普拉斯，后者就曾被拿破仑封为伯爵，并被任命为法国内政大臣。

勾股定理是几何学中的一条重要定理，古往今来，有无数人探索过它的证法。在 1940 年出版的一本名叫《毕达哥拉斯命题》的书中，作者就搜集了 367 种不同证法。有趣的是，其中有一种别出心裁的证法，居然出自一位美国总统之手！这位美国总统就是加菲尔德。这件事也就成为人们津津乐道的一段轶事（据说这是美国总统对数学的唯一贡献）。

他的证法确实干净利落。如图 3－5，作直角三角形 ABC，其边长分别为 x、y、z，其中 $BC = z$ 是斜边。作 $CE \perp BC$，并使 $CE = BC$；再延长 AC 至 D，使 $CD = AB = x$。连接 D、E，则四边形 $ABED$ 为梯形，其面积等于

$$\frac{1}{2}AD(AB + DE)$$

$$= \frac{1}{2}(x + y)^2。$$

易证 $\triangle DCE$ 与 $\triangle ABC$ 是全

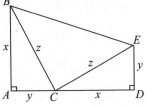

图 3－5

等三角形，于是 $\triangle BCE$、$\triangle ABC$ 与 $\triangle DCE$ 的面积之和

等于 $\frac{1}{2}z^2 + 2 \cdot \frac{xy}{2}$。

由于图上 3 个三角形面积之和就是梯形的面积，因而得到等式：

$$\frac{1}{2}(x+y)^2 = \frac{1}{2}z^2 + xy,$$

化简后即得：

$$x^2 + y^2 = z^2。$$

于是，勾股定理得到了证明。

由于法国戴高乐将军的缘故，洛林十字架在整个西方世界妇孺皆知。德国法西斯侵占法国期间，戴高乐将军组织法国流亡政府坚持抗战。第二次世界大战结束后，他曾一度赋闲，后来出任法兰西共和国总统。他生活俭朴，逝世后墓前只有一块小小的墓碑，上面写着"戴高乐之墓"，还有一个洛林十字架作为标志。

说到这里，你一定会问：洛林十字架到底是什么东西呢？请看图 3-6，它是由 13 个小的正方形组合而成的图形。如果每个小正方形的面积为 1 平方单位，则洛林十字架的面积就是 13 平方单位。

亚尔萨斯—洛林原为法国领土，普法战争后割让

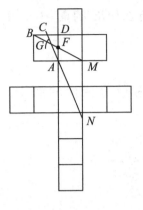

图 3-6

给了普鲁士（即后来的德国）。这两个州的人民深受殖民统治之苦。戴高乐经常佩戴着洛林十字架，以表达"还我河山，收复失地"之意。此外，他很喜欢做几何题目，有的作图题就是以洛林十字架为素材的。

比如说，要从图上的 A 点作一条直线，把洛林十字架一分为二，使两部分的面积正好相等，作图工具只限于直尺和圆规，问应如何作？

戴高乐总统的办法是这样的：连接 BM，它与 AD 交于 F 点，易知 F 即为 AD 的中点；以 F 为圆心，FD 为半径作弧，与 BF 相交于 G 点；再以 B 为圆心，BG 为半径作弧，与 BD 相交于 C 点。连接 CA 并延长，使它与十字架的边界相交于 N 点，则 CN 就是要求的直线了。

数学躲在游戏背后，只要你愿意做一个执著的探索者，你就会发现，后面潜藏着许多奇妙的数学诀窍。来，让我们一起探索去吧！

跌进"如来佛"的手心

我们来做一个新鲜的游戏。请你随便选一个 4 位数，你当然可以挑一个比较复杂的，这样做起来更有意思。

比如说，你选的这个数是 1234 吧。下一步该怎么做呢？请你把这个数的每一位数字都平方，然后相加，得 $1^2 + 2^2 + 3^2 + 4^2 = 30$，这样，原来的数就变换成 30。接着，你又将 30 的每一位数都平方，然后相加，得 $3^2 + 0^2 = 9$。往下你不断重复，按照上面的规则做下去，看看会得到一些什么数。规则既然这么简单，我想你们一定已经算起来了：

$$9 \to 81 \to 65 \to 61 \to 37 \cdots\cdots$$

算到这里，你也许会不耐烦起来："这是个无底

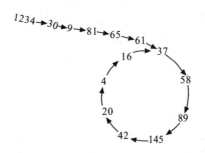

洞，算到明天也算不完！"可是，只要你耐心算下去，用不了多久，你就会发现奇迹：这些数字像孙悟空跌进"如来佛"的手心一样，不断地转圈子，再也出不来了！也许你会认为这是偶然现象，那么，就请你再随便选一个 4 位数试试。比如你选 1980，你会发现，结果仍然是在转圈子（见下图）。

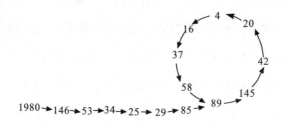

转圈子的现象称为"循环"，在控制论的理论与实践中都有一定意义。但是，也请你注意一下，有些 4 位数按照上述法则进行变换的话，则是以"1"为归宿的。例如"1112"这个 4 位数，变换的情况如下：

$1112 \rightarrow 7 \rightarrow 49 \rightarrow 97 \rightarrow 130 \rightarrow 10 \rightarrow 1$。

这实际上也是一种变相的转圈子。也就是说，变到 1 以后，按照运算法则进行下去，以后就一直是 1，1，1，1，…了。这个"1"，就称为"沟"，也有人叫它"汇"，是取"百川汇海"之义。

这种奇妙而有趣的现象，在自然数里还有很多，它们正等着你去寻找和发现呢！

分数擂台赛

　　小明在速算方面很厉害。一天，他在班上贴出了一张"分数擂台赛"的告示：

　　谁能在一分钟内算出下列分数之和，有重奖。这个分数是

$$\frac{7}{9}+\frac{7\cdot6}{9\cdot8}+\frac{7\cdot6\cdot5}{9\cdot8\cdot7}+\cdots+\frac{7\cdot6\cdot5\cdot4\cdot3\cdot2\cdot1}{9\cdot8\cdot7\cdot6\cdot5\cdot4\cdot3}$$

　　同学们看了告示，觉得这些数字不像是随便取的，似乎很有规律；然而项数太多，如果按常规步骤算，相当困难，哪能在短短一分钟内完成？大家苦思冥想了半天也找不出好办法，只能向小明讨教。"$\frac{7}{3}$！"小明非常得意地说出了答数，"不信，你们可以算一算。"

大家经过验算，发现该式确实等于

$$\frac{7}{9}+\frac{7}{12}+\frac{5}{12}+\frac{5}{18}+\frac{1}{6}+\frac{1}{12}+\frac{1}{36}=\frac{168}{72}=\frac{7}{3}。$$

小明为什么能算得这么快呢？他作出了解释。不妨设想袋中有 10 只球，其中 3 只是白球，剩下的都是黑球。你闭着眼睛，随便摸 1 只，摸出白球的概率正好等于 $\frac{3}{10}$（记作 p_1）。如果摸出来的球不放回口袋中，那么，你第一次摸不到白球、而在第二次摸到白球的概率是 $p_2=\frac{7}{10}\cdot\frac{3}{9}=\frac{7}{30}$；其他 p_3，p_4，…也可类似算出。但是，这一过程不可能无限制地继续下去，因为终究有个时刻，口袋中会只剩下 3 只白球。那时你随

便摸 1 只，当然必定是白球。这种情况，定将在第 8 次摸球时遇到，即

$$p_8 = \frac{7 \cdot 6 \cdot 5 \cdot 4 \cdot 3 \cdot 2 \cdot 1 \cdot 3}{10 \cdot 9 \cdot 8 \cdot 7 \cdot 6 \cdot 5 \cdot 4 \cdot 3} \left(\text{请特别注意} \frac{3}{3} = 1\right)。$$

把这 8 个概率加起来，结果肯定等于 1。

再把数据代入并移项，即可证明

$$\frac{7}{9} + \frac{7 \cdot 6}{9 \cdot 8} + \cdots + \frac{7 \cdot 6 \cdot 5 \cdot 4 \cdot 3 \cdot 2 \cdot 1}{9 \cdot 8 \cdot 7 \cdot 6 \cdot 5 \cdot 4 \cdot 3} = \frac{10}{3} - 1$$

$$= \frac{7}{3}。$$

利用"摸球不放回"的想法，我们可以证明下列恒等式：

设 $A > a$，则

$$\frac{A-a}{A-1} + \frac{(A-a)(A-a-1)}{(A-1)(A-2)} + \cdots$$

$$+ \frac{(A-a)(A-a-1) \cdots 2 \cdot 1}{(A-1)(A-2) \cdots (a+1) \cdot a} = \frac{A}{a} - 1。$$

这便是分数擂台赛的台主小明所依据的速算原理。

有用的弧三角形

工人们在搬动机器时，常在机器下面放一块板，板下再放几根圆棍或圆管。这样推动机器前进，既省力又平稳。是不是只有圆棍、圆管才可以起到这个作用呢？

不是的。如图 4-1 所示的弧三角形，也可以达到要求。弧三角形怎么画呢？先画一个正三角形 ABC，分别以 A、B、C 为圆心，以 AB 长为半径作弧就可以了。我们用截面为弧三角形的棍子代替圆棍，推动机器时，同样能平稳地前进。这是什么道理呢？

用图 4-2 这样的"平行线夹具"，去夹一个封闭图形，两条平行线间的距离，叫做这个图形在某一方向上的"宽度"。如果用这个夹具去夹某一个封闭图

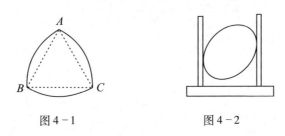

图 4 - 1   图 4 - 2

形，该图形任一方向上的宽度都相等，那么，这个图形就叫"定宽曲线"。

　　圆棍之所以可以用来推重物，就是因为圆是定宽曲线。反过来，只要是以定宽曲线为截面的棍子，都可以用来代替圆棍、圆管。

　　弧三角形也是定宽曲线，它的宽度等于 AB——这可以从图 4 - 3 中看出来。

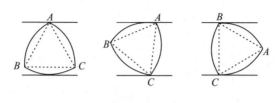

图 4 - 3

弧三角形又叫莱洛三角形，是机械学家莱洛首先对其进行研究的。它在机械学中非常有用，例如可以用弧三角形状的钻头，钻出正方形的孔。

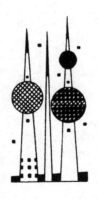

175

皮亚诺曲线

有没有一种曲线，能填满整个一块平面区域？

照一般人的想法，这样的曲线恐怕是不存在的。

因为，线是一维图形，它只有长度，没有宽度和厚度。但是，意大利数学家皮亚诺（1858 年～1932 年）在1890 年举出一例，表明确实存在着能通过某一正方形内所有各点的连续曲线。这个发现引起了人们广泛的重视，随后又发现了其他这样的例子。为了纪念第一个发现者，人们把凡是能填满一个正方形的曲线，都称做"皮亚诺曲线"。

下面，我们来介绍一个比较简单的作法。这种作法是由波兰数学家谢尔平斯基（1882 年～1969 年）提供的。

如图 4-4 所示，先把正方形划分为同样大小的 4 格，称为第一级格子；然后画一个十字形的多边形，使它通过这 4 格，这样的多边形就叫做第一级曲线，记为 C_1。接着，把每个第一级格子再一分为四，照

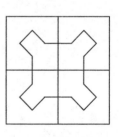

图 4-4

葫芦画瓢，把 4 条缩小了的 C_1 曲线沟通起来，连成一条较复杂的曲线，称为第二级曲线，记作 C_2。重复这样的过程，即可得到 C_3，C_4，…如此无限继续下去，其极限曲线便能填满整个正方形（图 4-5）。

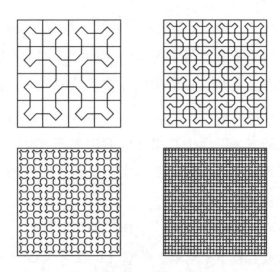

图 4 - 5

移 棋 相 间

黑白棋子各若干枚,排成一行,其中半段是黑子,半段是白子,不许混杂。移动其中相邻两子(两黑、两白或一黑一白),放到另一头,留下的空位由另外相邻两子来填补。这样一直进行下去,要求在最后排成的一行中,黑白棋子必须相间排列,并且移动的步数越少越好。

一百多年前,移棋相间的游戏在欧洲风行一时。据说,这个游戏是从日本传过去的,所以西方人认为它是日本人发明的。其实不然,现代著名文学家俞平伯先生的曾祖父俞曲园,在其《春在堂随笔》中就提到:"长洲褚稼轩《坚瓠集》,有移棋相间之法。""长洲",就是现在的苏州市;褚稼轩是清康熙的人,著有

小说《隋唐演义》。所以这种游戏，起源于中国是毫无疑问的。

下面，我们用图形来表示黑白各 3 子与各 4 子的移法。看了图形，大家即可"无师自通"。

$$a_1 \quad a_2 \quad a_3 \quad b_3 \quad b_2 \quad b_1 \quad x_1 \quad x_2 \quad x_3 \quad x_4$$

★ ★ ★ ☆ ☆ ☆

　　★ ☆ ☆ ☆ ★ ★

　　★ ☆ ☆ 　 　 ★ ☆ ★

　　☆ ★ ☆ ★ ☆ ★

$n = 3$，移法：$a_1 b_1 a_3$。

$$a_1 \quad a_2 \quad a_3 \quad a_4 \quad b_4 \quad b_3 \quad b_2 \quad b_1 \quad x_1 \quad x_2$$

★ ★ ★ ☆ 　 ☆ ☆ ☆

★ 　 　 ★ ☆ ☆ ☆ ☆ ★ ★

$n=4$，移法：$a_2 b_4 b_1 a_1$。

子数一多，用图形表示移动步骤就不太方便，我们可以改用数字记录法。开始时，一横排棋子，可以记为 $a_1 a_2 a_3 \cdots a_{n-1} a_n b_n b_{n-1} \cdots b_1$，右边的空位则可记为 $x_1 x_2 \cdots$。

以黑白各 3 子为例。第一次移动 a_1、a_2 两子，第二次移动 b_1、x_1 两子，最后移动 a_3、b_3 两子，可以记作 $a_1 a_2$，$b_1 x_1$，$a_3 b_3$。

我们马上可以看出，这种记法可以进一步简化。因为根据规则，每次移动的两枚棋子必须是紧挨着的，所以只要知道左边的一子，右边的一子就"不言而喻"了。于是，黑白各 3 子的移动记法就可以简单地记成 $a_1 b_1 a_3$。至于黑白各 4 子的记法与上面类似，这里就不多说了。

这个游戏非常有趣。你也可以试试增加棋子的个数，看能不能用最少的步数达到目的。

西班牙地牢

一天，三毛和几个小朋友蹦蹦跳跳地来找徐老师，说他们碰到一个有趣的题目，想了半天做不出来，于是来请老师帮忙。

传说，古时候西班牙一个阴暗潮湿、冰冷刺骨的地牢里，有9间单人牢房，里面关着一些待决的死囚。

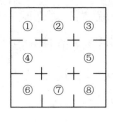

图 4-6

通常，正中间的一间牢房是不关犯人的，以便让犯人"放风"或进行适当的调整。各间牢房之间有门相通（图4-6）。当然，这些门在平时是紧紧关着的，有事时才可以打开。

一年，老国王病死，新国王登基。他下令大赦天下，一般的犯人统统释放。大赦令颁布后，宰相发现

182

SHUXUEYINGYANGCAI

了问题："陛下，关在地牢里等待处决的 8 名死囚怎么办？"国王一听，为了难：把他们放掉吧，未免太便宜他们了；但是不放呢，大赦令已经发布，讲的话又不能不算数。考虑了半晌，他说："这样吧，给他们一个机会。把地牢里的门统统打开，允许这些编了号的犯人通过中间的囚室自行调整。如果他们能使调整后纵、横、斜行的号码和都相等，就照例大赦。"

消息传出，犯人们欣喜若狂，但是该怎样调整却让他们挠头。更麻烦的是，3 号犯人既瞎又聋，还是个跛子。他不愿与别的犯人合作，死也不肯挪动。其他犯人气恼得很，却又拿他没办法。最后，终于有一个聪明的囚犯解决了这个难题，大家皆大欢喜地出去了。

请问，这个囚犯是怎样进行调整的？

徐老师听了，笑着对孩子们说："这个故事挺有趣的。事实上，要解决这个难题应分两步走。第一步与三阶幻方有关，现在缺掉一个自然数9，总和改变为$1+2+3+4+5+6+7+8=36$。由于$36 \div 3=12$，所以

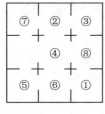

图4-7

幻方里头的和常数是12。既然3号犯人不肯与别人合作，他只好放在原处不动。4这个数安排在幻方中心。这样，略微思考一下，我们便可得到满足国王要求的图形（图4-7）。

"接着就是解决怎样调整的问题。由于图上只有一个空格，所以无须特别标出，只要把其相邻的移入号数加以记录就行了。其移法是：4，1，2，4，1，6，7，1，5，8，1，5，6，7，5，6，4，2，7，一共移动19次。"

乘 龙 快 婿

沙拉王国罗诺国王的宝贝女儿到了谈婚论嫁的年龄，国王打算从数十位品学兼优的候选人中，挑一个最聪明的做他的乘龙快婿。他命人准备了4只大盒子，编号为1，2，3，4。1号盒子里装着钻石胸针 D，2号盒子里装着绿玉耳环 E，3号盒子里放着纯金项链 G，4号盒子里放着红宝石鸡心 R。盒子都够大，任何一件首饰都可装入任何一只盒子。

国王当众宣布了4条指令，其代号恰巧也是 D、E、G、R。这4条指令如下：

指令 D：把原来放在1号盒里的饰物，放进2号盒；2号盒里的放进3号盒，3号盒里的放进4号盒，而4号盒里的放进1号盒。上述操作可记为

$$D: \begin{pmatrix} 1 & 2 & 3 & 4 \\ 2 & 3 & 4 & 1 \end{pmatrix}。$$

指令 E：把 1 号盒与 4 号盒里的饰物交换一下，并把 2 号盒与 3 号盒里的饰物也交换一下，可记为

$$E: \begin{pmatrix} 1 & 2 & 3 & 4 \\ 4 & 3 & 2 & 1 \end{pmatrix}。$$

指令 G：交换 1 号与 2 号盒里的饰物，同时也交换 3 号与 4 号盒里的饰物，可记为

$$G: \begin{pmatrix} 1 & 2 & 3 & 4 \\ 2 & 1 & 4 & 3 \end{pmatrix}。$$

指令 R：交换 1 号与 3 号盒里的饰物，同时也交换 2 号与 4 号盒里的饰物，可记为

$$R: \begin{pmatrix} 1 & 2 & 3 & 4 \\ 3 & 4 & 1 & 2 \end{pmatrix}。$$

国王要求每位候选人独立思考，不准借助纸、笔等工具，并当众宣布：谁能在最短的时间内，说出这 4 条指令执行完毕后，各个盒子里装的饰物，谁就是他的乘龙快婿。

国王的话音刚落，这些候选人便绞尽脑汁地想了起来。最后，一位英俊的小伙子抢先说出了答案：

RDEG。侍卫们按照指令顺序——执行完毕后，发现 1
至 4 号盒子里装的饰物果然分别是 *RDEG*。这时，站在
一旁观看的王公大臣们也禁不住啧啧称奇。国王没有
食言，这位年轻人如愿娶到了美丽的公主。

看似杂乱无章的调动，其实可以理出头绪。我们
发现，先执行 *D*，后执行 *R*，与先执行 *R* 后执行 *D*，结
果竟完全一样。这样的变换称为可交换变换。同 *DR* 相
类似，*ER*、*GE* 和 *GR* 也是可交换的。

进一步又可以发现，连续执行 3 个变换 *G*、*R*、*E*
的结果是一个恒等变换。经过这样的分析之后，正确
的答案 *RDEG* 就被筛选出来了。

猜中与猜不中

有些游戏就是怪：看来能猜中的偏偏猜不中，看来猜不中的偏偏又能猜中。

不信，来看下面的故事。

小牛和小马、小羊在一起做游戏。小牛在两张纸上各写一个数。这两个数都是正整数，相差为1。他把一张纸贴在小马额头上，另一张贴在小羊额头上。于是，两个人只能看见对方头上的数。

小牛不断地问他们："你们谁能猜到自己头上的数？"

小马说："我猜不到。"

小羊说："我也猜不到。"

小马又说："我还是猜不到。"

小羊又说："我也猜不到。"

问了3次，小马和小羊都说猜不到。可到了第四次，小马高兴地喊起来："我知道了!"小羊也喊道："我也知道了!"

请你想想，他们头上是什么数? 你是怎么猜到的?

原来，"猜不到"这句话里，包含了一个重要的信息。

要是小羊头上是1，小马当然知道自己头上是2。小马第一次说"猜不到"，就等于告诉小羊：你头上的数不是1!

这时，如果小马头上是2，小羊当然知道自己头上是3。可是，小羊说猜不到，就等于说：小马，你头上不是2!

第二次小马又说猜不到，说明小羊头上不是3。小羊也说猜不到，说明小马头上不是4。

小马第三次说猜不到，说明小羊头上不是5。小羊也说猜不到，说明小马头上不是6。

小马为什么第四次就猜到了呢? 原来小羊头上是7。小马想：我头上既然不是6，他头上是7，我头上当然就是8啦!

　　小羊于是也明白了：他能从自己头上不是6，就能猜到8，当然是因为我头上是7啰！

　　实际上，即使两人头上写的是100和101，只要让两人面对面反复交流信息，反复说"猜不到"，最后也总能猜到正确答案。

　　这游戏还有一个使人迷惑的地方：一开始，当小羊看到对方头上是8时，就肯定知道自己头上不会是1，2，3，4，5，6；而小马也会知道自己头上不会是1，2，3，4，5。这么说，两人的前几句"猜不到"似乎没用。其实不然，因为少了一句就极有可能猜错。这里面究竟是什么道理呢？你得仔细想想。

　　另一个游戏是：小牛偷偷在纸上写了一句话，要

小马和小羊分别猜这句话对不对，并把猜到的结果写在纸上。

小牛说："你们两人中只要有一个猜中了，就算你们胜；如果都猜不中，你们就输了。"

小羊自信地说："我们一定能赢。我猜你这句话说得对，小马猜你这句话不对，总会有一个人猜中吧！"

可是，结果还是小牛胜了。

原来，小牛写了这样一句话：

你的纸上写的是"不对"。

小羊在纸上写的是"对"，这时，小牛这句话当然错了。可小羊猜的是"对"，当然没猜中。

小马呢，他在纸上写的是"不对"，这时，小牛这句话当然对。可小马猜"不对"，也没有猜中。

小羊和小马恍然大悟："你就是把纸上的话给我们看了，我们也不可能猜中啊！"

上面这两个游戏，都牵涉到一些逻辑推理中的怪现象，人们把它叫做"数学悖论"。如何说明悖论、消除悖论，是数学基础研究中的一件大事，许多人正在为此而努力呢！

有趣的虫食算

```
                    × × × × × ×
        × × ×│× × × × × × × × ×
              × × ×
              × × × ×
              × × ×
                × × ×
                × × ×
                  × × × ×
                  × × × ×
```

　　无字天书谁也看不明白。我们感兴趣的，是那些虽然没有明确告诉你数字，可还有蛛丝马迹可寻的四则运算。日本的高木茂男给它们取了个形象的名字，

192

叫做"虫食算"。

　　下面两个除法算式，我们只知道每个打"×"的地方，都是阿拉伯数字 0，1，2，3，4，5，6，7，8，9 中的一个；还知道左边第一式的商数，是右边第二式的被除数。

```
                × × × × × ×                     × × × × ×
      × × × )× × × × × × ×          × × )× × × × × ×
                × × ×                               × ×
                ─────────                           ─────────
                × × ×                               × × ×
                  × × ×                               × ×
                  ─────────                           ─────────
                  × × × ×                             × × ×
                  × × × ×                             × × ×
                  ─────────                           ─────────
                      × × ×                             × × ×
```

　　这两个数字都被"虫""吃掉"的算式，只在有数字的地方留有痕迹。要想把这些数字全部找回来，看起来好像很难。果真是这样吗？我们来看看：

　　一、容易看出，第一式的被除数的第一位数字一定是 1。如果不是这样，相减后不会得 0。同理，它的第三行的第一位数字也是 1。

　　二、第一式的第三行，一下子从被除数中移下 3

个数字，可见商的第二、三位数字都是0。

三、再看第一式的第三行，可判定被除数的第二、三位数字都是0。因为有一个不是0，那第一、二行相减的结果就不可能是个位数。

四、因为第一式第三行的首位数字是1，所以可知被除数的第四位数字一定是0。不这样，相减后就不能得1了。既然被除数的前4位数是1000，它减去一个3位数得1，可见第二行的3位数是999。此外，因为第三行减第四行的差是2位数，所以第三行的第二位数字是0。

五、第二行是999，可见除数只可能是111或333、999。要是111，那它乘上9也只有3位数，而第八行是4位数，可见不行。要是999，第五行最大是999，第六行又只能是999，相减后第七行就没有了，可见也不行。于是，肯定除数是333。这样，又可以进一步肯定商的首位和第四位都是3，第四行是999。

六、已知第一式的商数就是第二式的被除数。现在，在第二式的被除数中先填上3003。因为第二式的第三行是个3位数，第四行是个2位数，所以可以肯定第三行的首位数字是1，并且可以肯定第二行是29。

29 是质数，又可以肯定除数是 29，商的第一位是 1、第二位是 0。

七、由第二式的 3003 和 29，可以求出它的商的第三位数字是 3，第四行是 87。

八、在第一式里，第五行是 3 位数，所以商的第五位数字不是 2 就是 1。要是 1，那第二式就不能整除了，所以它只能是 2。然后从第二式中，可知第一式的商是 300324。

推算到这里，其余的数字就容易求出来了。这个虫食算的本来面目是：

```
              3 0 0 3 2 4                    1 0 3 5 6
  3 3 3 ) 1 0 0 0 0 7 8 9 2        2 9 ) 3 0 0 3 2 4
          9 9 9                          2 9
        ─────────                      ──────
          1 0 7 8                        1 0 3
          9 9 9                            8 7
        ─────────                      ──────
            7 9 9                        1 6 2
            6 6 6                        1 4 5
          ─────────                    ──────
            1 3 3 2                      1 7 4
            1 3 3 2                      1 7 4
          ─────────                    ──────
```

如果你有兴趣，也可以把这两个算式的"×"，全部换成英文字母：

$$
\begin{array}{r}
c_1\,c_2\,c_3\,c_4\,c_5\,c_6 \\[2pt]
\hline
a_1\,a_2\,a_3\,\big)\;b_1\,b_2\,b_3\,b_4\,b_5\,b_6\,b_7\,b_8\,b_9 \\
d_1\,d_2\,d_3 \\
\hline
e_1\,b_5\,b_6\,b_7 \\
f_1\,f_2\,f_3 \\
\hline
g_1\,g_2\,b_8 \\
h_1\,h_2\,h_3 \\
\hline
i_1\,i_2\,i_3\,b_9 \\
i_1\,i_2\,i_3\,b_9 \\
\hline\hline
\end{array}
\qquad
\begin{array}{r}
B_1\,B_2\,B_3\,B_4\,B_5 \\[2pt]
\hline
A_1\,A_2\,\big)\;C_1\,C_2\,C_3\,C_4\,C_5\,C_6 \\
D_1\,D_2 \\
\hline
E_1\,C_3\,C_4 \\
F_1\,F_2 \\
\hline
G_1\,G_2\,C_5 \\
H_1\,H_2\,H_3 \\
\hline
I_1\,I_2\,C_6 \\
I_1\,I_2\,C_6 \\
\hline\hline
\end{array}
$$

然后用不等式来解。这样换成字母，解题时就不用说一式、二式和哪一行、哪一位数字了。比如：

∵ $\qquad e_1 b_5 b_6 b_7 = g_1 g_2 + f_1 f_2 f_3$，

$\qquad\qquad g_1 g_2 \leqslant 99$，$f_1 f_2 f_3 \leqslant 999$；

∴ $\qquad e_1 b_5 b_6 b_7 \leqslant 99 + 999$，

∴ $\qquad\qquad e_1 = 1$。

下面，我们给大家介绍两个颇有名气的虫食算趣题。

1. 7 个 7 的难题。

```
                        × × 7 × ×
× × × × 7 × ) × × 7 × × × × × × × ×
               × × × × × ×
               × × × × × 7 ×
               × × × × × × ×
                 × 7 × × × ×
                 × 7 × × × ×
                 × × × × × × ×
                 × × × × × × ×
                   × × × × × ×
                   × × × × × ×
```

这道题只有一个答案：

$$7375428413 \div 125473 = 58781。$$

2. 4 个 4 的除式之迹。

```
                × 4 × ×
   × × × ) × × × × × × × 4
           × × ×
           × × 4 ×
           × × × ×
             × × × ×
             × 4 ×
             × × × ×
             × × × ×
```

这道题有 4 个答案，它们是：

$1337174 \div 943 = 1418$；

$1343784 \div 949 = 1416$；

$1200474 \div 846 = 1419$；

$1202464 \div 848 = 1418$。

在上面这些例子中，算式中的未知数字一律都用"×"来表示。为了使题目变得容易一些，有的虫食算用字母或汉字代替数字，规定相同的字母（汉字）代表相同的数。有趣的是，用字母（汉字）作虫食算，有时会出现一些有意义的句子，一语双关。下面随便举出一些：

（1）
$$\begin{array}{r} CROSS \\ + \quad ROADS \\ \hline DANGER \end{array}$$

（十字路口危险）；

（2）
$$\begin{array}{r} MONEY \\ - \quad SEND \\ \hline MORE \end{array}$$

（送更多钱）；

（3）$HE \times WAS = HERE$（他曾在这里）；

（4）$I = SWIM \div WELL$（我游得好）；

（5）
$$\begin{array}{r} ZERO \\ ONE \\ + \quad TWO \\ \hline THREE \end{array}$$

（$0 + 1 + 2 = 3$）。

（6）年年 × 岁岁 = 花相似；

　　岁岁 ÷ 年年 = 人 ÷ 不同。

这些虫食算的答案是：

（1）　　　96233　　　　　（2）　　　10652
　　　+　62513　　　　　　　　－　9567
　　　————————　　　　　　　———————
　　　　158746；　　　　　　　　1085；

（3）$25 \times 103 = 2575$；

（4）$3 = 6231 \div 2077$；

（5）有两解：

　　　$9635 + 586 + 145 = 10366$；

　　　$9635 + 546 + 185 = 10366$。

（6）$44 \times 22 = 968$；

　　　$22 \div 44 = 5 \div 10$。

　　要创作和解答这样的虫食算相当费事。如果你有兴趣，不妨动手试一试。

奇妙的三兄弟

最近，国外流行一种名叫"捡石子"的游戏。据说，这个游戏源于中国；但究竟起源于什么朝代、流传情况如何，已经无从查考了。

这个游戏的玩法非常简单。在地上捡些小石子，分成两堆，每堆的个数可以是任意的，只要不相等就行。具体规则如下：

一、两人轮流拿石子，每次可以从一堆石子中任意取一颗或者几颗，也可以从两堆中任意取走数量相等的石子。

二、每次轮到谁拿，谁至少得拿一颗石子，不允许一颗都不拿。

三、谁拿光剩下的石子，就算他赢了。

说也奇怪，这个看起来十分简单的游戏，要想十拿九稳取得胜利，却也很不容易。不知道取胜诀窍，稀里糊涂随便拿，只能一输到底。

那么，诀窍在哪里呢？先请大家看这张表：

n	1	2	3	4	5	6	7	8	9	10	11	12
A_n 数列	1	3	4	6	8	9	11	12	14	16	17	19
B_n 数列	2	5	7	10	13	15	18	20	23	26	28	31

表中有一对一对的数字：（1，2），（3，5），（4，7），（6，10），…你想取胜，只要记住：每次取走石子后，要是能使留下的石子个数和表中的某一对数相同，就必胜无疑。所以，你可以把（1，2），（3，5），（4，7），（6，10），…这些数叫做"胜利之数"。

举一个例子。

开始时，两堆石子分别是 7 颗和 11 颗：

要是你先拿，就可以在第二堆中取走 7 颗石子，使它成为：

注意，这对（4，7）就是表中的第三对。

以后，不管对手怎样动作，你都能稳操胜券。要是对手从两堆石子中各拿掉一颗，使它成为：

这时，你就从第一堆中取走一颗石子，使留下的石子数是表中的第二对（3，5）：

这样一步一步，从表中较大的一对数，逐渐过渡到较小的一对数，就可以保证你拿到最后一颗石子了。

你可能要问：表上一对一对的数那么多，又看不出什么变化规律，怎么才能记得住呢？

说到这里，我要讲一个"无理数三兄弟"的故事给你听。因为这个故事和捡石子游戏有密切关系。

在数学里，无限不循环小数叫做无理数。无理数集合是一个庞大的家族，成员比有理数家族多得多。在这个家族里，有三个兄弟的模样和脾气特别相像：老大是 2.61803398…，准确值是 $\frac{3+\sqrt{5}}{2}$；老二是 1.61803398…，

准确值是 $\dfrac{1+\sqrt{5}}{2}$；老三是 0.61803398…，准确值是 $\dfrac{\sqrt{5}-1}{2}$。三兄弟挨个正好相差 1。

在这三兄弟中，老三来头不小。早在古希腊、罗马时代，老三就已名扬四海，人们称它为"黄金分割数"。在绘画、雕刻、建筑等领域，老三都战功赫赫。它还随同华罗庚教授奔走大江南北，在推广优选法（优选法就是有名的 0.618 法，是一个美国人在 1953年发现的。为什么 0.618 最好呢？国外虽有一些证明，可都不太严谨，直到 1973 年，我国数学家洪加威才首先给出了严格的证明）时立下了汗马功劳。

"无理数三兄弟"之间有着奇妙的联系。现在，请你把老二和老三乘一乘：

$$\frac{(\sqrt{5}+1)(\sqrt{5}-1)}{4}=\frac{5-1}{4}=1,$$

可以看出，老二和老三互为倒数。在所有实数中，只有这一对差为 1 又互为倒数的正数。

老大和老二的关系也很不寻常。老大正好是老二的平方，而它们的差是 1。在全部实数中，具有这种关系的一对正数，也是独一无二的。

这样，要是你设老二为 x，老大就是 $x+1$，老三就是 $x-1$，于是，$x(x-1)=1$，$1+x=x^2$。

搞清楚了它们之间的这种关系，要是你把老二记为 ϕ，那老大就是 ϕ^2，老三就是 $\dfrac{1}{\phi}$。

那么，这"无理数三兄弟"和捡石子游戏有什么关系呢？原来，A_n 恰巧是老二 n 倍的整数部分，B_n 是老大 n 倍的整数部分。假如我们用 $[x]$ 表示 x 的整数部分（所谓整数部分，就是不大于 x 的最大整数，如 $[3.236]=3$，$[5.234]=5$），则 $A_n=[n\phi]$，$B_n=[n\phi^2]$。

不仅如此，所有的自然数都会在这个表格中出现，既不重复，也无遗漏！

这些性质是由惠特霍夫发现的，所以这个游戏在国外又叫"惠特霍夫游戏"。

说到这里，你也许会问：有没有更简便的办法，排出这个"胜利之数"的表格呢？

有。按照下面的方法，你能马上把这个表格排出来：

一、第一对胜利之数当然是（1，2）。对方不论怎么拿，剩下的你都能一把抓尽。

二、比1，2大的数轮到3了。3 + 序数2 = 5，则（3，5）就是第二对数。

三、要是第1，2，…，$n-1$对数都排好了，那A_n就是前面没有出现过的最小自然数。它加上序数n，就得到了B_n。

神秘的自守数

你知道"自守数"吗？在数论里，人们常给一些具有特殊性质的数，冠以生动有趣的名称，如"自守数"、"回文数"、"相亲数"。那么，具备什么性质的数叫自守数呢？我们不妨先看两个例子。

5 和 6 就是自守数。你看：$5^2 = 25$；$6^2 = 36$。这两个数的平方末尾仍然是 5 和 6。不仅如此，任何两个末尾是 5 或 6 的整数相乘，乘积的末位数仍是 5 或 6。例如：$65 \times 45 = 2925$；$116 \times 46 = 5336$。

说 5 和 6 是自守数，就是说它们有这样的特性。

1 和 0 也有这样的特性，但它们无法扩充到 2 位（5 和 6 这两个一位自守数，可以扩充到 2 位、3 位乃至无穷多位的自守数），所以，研究它们也没什么价

值。在一位数中，要是不算 1 和 0，那就只有 5 和 6 这两个自守数了。

76 是一个 2 位数的自守数，因为 $76^2 = 5776$。而且，任何两个以 76 结尾的自然数相乘，乘积也必然以 76 结尾。例如：$576 \times 876 = 504576$。

要是你乘这样的数，积的末两位不是 76，那肯定做错了。不过，积的末两位是 76，并不能保证被乘数和乘数的末尾就是 76。例如：$106 \times 96 = 10176$。

在 2 位数中，还有一个 25 是自守数。此外，就没有其他的 2 位自守数了。不信，你可以试试。

那么，有 3 位的自守数吗？

有。而且 3 位的自守数，也刚好有两个，它们是 625 和 376。

自守数的位数是不是没有尽头呢？

对。自守数的位数不受限制、没有尽头。加拿大有两位数学工作者，利用电子计算机算出了 500 位的自守数。

500 位太多了，写出来要印满一页。下面列举了两个 100 位的自守数，是美国的加德纳在一篇文章中介绍的：

39530073191081698029385098900621665095808638110005574234232308961090041066199773922562599182128 90625；

60469926808918301970614901099378334904191361889994425765767691038909958933380022607743740081787 109376。

这么大的自守数是怎样找到的呢？

办法其实很简单，只要 $x^2 - x$ 能被 10, 10^2, 10^3, $\cdots$, 10^n 整除，求出其中的 x 就行了。

你要找一位的自守数，只要找到这样的一位数 x，它使 $x^2 - x$ 能被 10 整除就可以了。很明显，这样的 x

只有 4 个：0，1，5，6。

求 2 位的自守数，只要找到 2 位数 x，它能使 x^2 − x 被 10^2 整除就行了。这样的 x 只有两个，就是 25 和 76。

这样的 x 怎么找呢？一个一个试吗？3 位数有 900 个，4 位数有 9000 个，要算多少次啊！有没有更简单的办法呢？

办法当然有，就是由小到大、一步一步去找。

你想，要是 $abcd$ 是 4 位的自守数，bcd 不就是 3 位的自守数吗？因为 3 位自守数只有 625 和 376 这两个，要找 4 位自守数，只要在 $a625$ 和 $a376$ 这种数里找。即使一个一个试，至多试 20 次就能把所有的 4 位自守数找出来。

再试 20 次，所有的 5 位自守数也有了。

试 20 次，比起试 90000 次来，工作量差上千倍！这就是动脑筋、找规律的好处。

试 20 次你可能还嫌麻烦，那就告诉你一个更简单的法子：把 625 这个 3 位的自守数自乘，得 390625，取末 4 位 0625，这就是末尾为 5 的 4 位自守数。不信你试试，任何两个末尾是 0625 的数相乘，乘积的末尾还是 0625。要是你不承认 0625 是 4 位数（因为它是从 0 开始的），那以 5 结尾的 4 位自守数就再也没有了。

把 0625 自乘，末尾 5 位是 90625，这是唯一以 5 结尾的 5 位自守数。90625 自乘，末尾 6 位是 890625，这样又得到了末尾是 5 的 6 位自守数。

这样找自守数多方便！但可不可靠呢？要说明不是巧合，还得弄清楚它的道理。

用列方程的办法。设 $a625$ 是 4 位自守数，计算一下：

$$(a625)^2 = (1000a + 625)^2$$
$$= 10^6 a^2 + 125a \times 10^4 + 625^2。$$

两边一比较，便看出了诀窍：右边前两项的末 4 位都是 0，也就是说，$(a625)^2$ 的末 4 位和 625^2 的末 4 位是一样的。所以，想要 $(a625)^2$ 的末 4 位是 $a625$，只要取 a 是 625^2 倒着数的第 4 位就行了。

这样一算，就看出这个方法是有根据的。

另一个 3 位的自守数是 376，376 的平方是 141376。那么，1376 是不是 4 位自守数呢？

你算算看，错了，1376 不是自守数！把 1 换成它的补数 9，9376 才是以 6 结尾的 4 位自守数。

这个方法也是有根据的，道理不难弄清楚。想要 $(a376)^2$ 的末 4 位是 $a376$，必须使 $(a376)^2 - a376$ 的末 4 位是 0。算一算：

$$(a376)^2 - a376$$

$$= 10^6 \times a^2 + 752a \times 10^3 + 376^2 - 10^3 a - 376$$

$$= 10^6 \times a^2 + 75a \times 10^4 + 1000a + 376^2 - 376$$

$$= (10^2 a^2 + 75a) \times 10^4 + 141000 + 1000a$$

$$= (10^2 a^2 + 75a + 14) \times 10^4 + (a+1) \times 1000。$$

想要这个数末尾 4 位是 0，必须让 $a+1=10$。也就是说，a 必须是 376^2 的倒着数的第 4 位的补数。

这样看来，想求两个 $n+1$ 位的自守数，就要计算两个 n 位自守数的平方。你大概以为，这是最快的计算自守数的方法了。你错了！还有更快的计算方法。请看：

$$5 + 6 = 10 + 1;$$

$$25 + 76 = 100 + 1;$$

$$625 + 376 = 1000 + 1;$$

······

观察上式，你会发现，两个位数同为 n 的自守数，它们的和是 $10^n + 1$。知道了这个关系，我们只要求出

末尾为 5 的那个自守数，写出它的补数，再加 1，便得
到了另一个自守数。

　　你看，看起来神秘的自守数，在我们一步一步地
了解下，变得不再神秘！

灵验的"八阵图"

"山不在高，有仙则名；水不在深，有龙则灵"，这是唐朝大诗人刘禹锡写的《陋室铭》里的千古名句。东邻日本有个名不见经传的小寺，叫吉野寺。它居然也深得此中三昧，以其"灵验"的"八阵图"闻名遐迩。

吉野寺地处深山，下有穷谷，"江流有声、断岸千尺"，风景清幽绝伦。该寺的老方丈曾赴镇江甘露寺朝山进香，从而对"周郎妙计安天下，赔了夫人又折兵"的种种典故念念不忘。

后来，这位老方丈又溯江而上，到鱼腹浦参拜诸葛孔明留下的八阵图遗迹，大受启发，归国后就设计出一个也叫做"八阵图"的玩意儿。

　　每当游客们游遍寺中各个风景点，恋恋不舍地准备离开时，吉野寺的和尚都要请游客玩玩这个游戏。主持其事的大和尚先请游客任意书写 8 个数字，排成一个"八阵图"，比如

$$\begin{bmatrix} 1 & 9 & 3 & 7 \\ 2 & 6 & 0 & 5 \end{bmatrix}$$

　　然后，他把这些数字四个、四个地分成两组，捉对相乘，并进行加减。说具体些便是：第一次是一、二列为一组，三、四列为另一组，分别构成二阶行列式①，两式相乘后取正号；第二次是一、三列为一组，二、四列为另一组，两式相乘后取负号；第三次是一、四列一组，二、三列为另一组，两式相乘后取正号。最后，把这 3 个数加起来，即

$$\begin{vmatrix} 1 & 9 \\ 2 & 6 \end{vmatrix} \cdot \begin{vmatrix} 3 & 7 \\ 0 & 5 \end{vmatrix} - \begin{vmatrix} 1 & 3 \\ 2 & 0 \end{vmatrix} \cdot \begin{vmatrix} 9 & 7 \\ 6 & 5 \end{vmatrix} + \begin{vmatrix} 1 & 7 \\ 2 & 5 \end{vmatrix} \cdot \begin{vmatrix} 9 & 3 \\ 6 & 0 \end{vmatrix}$$

$$= (6 - 18) \times (15 - 0) - (0 - 6) \times (45 - 42) +$$

$$(5 - 14) \times (0 - 18)$$

$$= -180 + 18 + 162$$

$$= 0。$$

———————

　　①　二阶行列式的运算是 $\begin{vmatrix} a & b \\ c & d \end{vmatrix} = ad - bc$。

　　旅游者来自世界各国，并非等闲之辈，这种简单的二阶行列式运算，岂有不懂之理。即使真有个别挥金如土的"大腕"、"大款"，肚子里墨水很少，不懂"行列式"为何物，经老和尚大发慈悲，略微指点一下，也就大彻大悟地开窍了。使他们惊奇的是，不论这 8 个数取何值，排法怎样，结果总是得出 0（0 的谐音为"灵"，象征前程似锦、大吉大利）来。

　　我们知道，一般求神问卜、测字算命，总是有吉有凶，得上上签者笑容满面，得下下签者痛哭流涕；而这个"八阵图"竟能使人人皆大欢喜，不能不令人叹服！

　　有个来自上海的打工仔对此事半信半疑。此人熟读《三国演义》，吴国太在甘露寺相亲之事，他可以说得一字不差，而且还能背出许多著名的诗句。例如：

　　　　吴蜀成婚此水浔，明珠步幛屋黄金；

　　　　谁将一女轻天下，欲换刘郎鼎峙心。

小伙子暗自寻思：一般人都只是在八阵图中填一些自然数或有理数，因为相互抵冲，所以得出 0 来。如果我填上无理数，甚至超越数如 e、π 等，它们之间不能相互抵冲，我倒要看看这戏法还灵不灵？

于是，他写出了下列八阵图：

$$\begin{bmatrix} e & \sqrt{2} & i & 1 \\ \pi & \sqrt{3} & 0 & \cos 17° \end{bmatrix}$$

与之相应的运算是

$$\begin{vmatrix} e & \sqrt{2} \\ \pi & \sqrt{3} \end{vmatrix} \cdot \begin{vmatrix} i & 1 \\ 0 & \cos 17° \end{vmatrix} - \begin{vmatrix} e & i \\ \pi & 0 \end{vmatrix} \cdot \begin{vmatrix} \sqrt{2} & 1 \\ \sqrt{3} & \cos 17° \end{vmatrix}$$

$$+ \begin{vmatrix} e & 1 \\ \pi & \cos 17° \end{vmatrix} \cdot \begin{vmatrix} \sqrt{2} & i \\ \sqrt{3} & 0 \end{vmatrix}$$

$$= ie\sqrt{3}\cos 17° - i\pi\sqrt{2}\cos 17° + i\pi\sqrt{2}\cos 17°$$

$$- i\pi\sqrt{3} + i\pi\sqrt{3} - ie\sqrt{3}\cos 17°$$

$$= 0。$$

看到结果，小伙子惊愕万分、半晌无语。

不久，几位到日本开会的学者偶然路经该寺，看了表演之后不禁跃跃欲试。

甲说："哪里有模式，哪里便有代数思想，这不是英国学者卡洛尔的观点吗？我倒要试试。"

乙说："我看这个把戏是拉格朗日恒等式的二维情况，一定可以用空间解析几何的办法加以证明。"

沉默寡言的丙终于开腔了。他是研究线性代数的，早已看破其中的奥秘："何必想得太复杂，只要应用拉

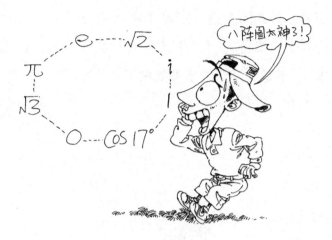

普拉斯定理，对一个特殊结构的四阶行列式加以展开就行了！"接着，他拿出一张纸在上面写起来：

$$\begin{vmatrix} a & b & c & d \\ e & f & g & h \\ a & b & c & d \\ e & f & g & h \end{vmatrix} = \begin{vmatrix} a & b \\ c & d \end{vmatrix} \cdot \begin{vmatrix} c & d \\ g & h \end{vmatrix} - \begin{vmatrix} a & c \\ e & g \end{vmatrix} \cdot \begin{vmatrix} b & d \\ f & h \end{vmatrix}$$

$$+ \begin{vmatrix} a & d \\ e & h \end{vmatrix} \cdot \begin{vmatrix} b & c \\ f & g \end{vmatrix} + \begin{vmatrix} b & c \\ f & g \end{vmatrix} \cdot \begin{vmatrix} a & d \\ e & h \end{vmatrix}$$

$$- \begin{vmatrix} b & d \\ f & h \end{vmatrix} \cdot \begin{vmatrix} a & c \\ e & g \end{vmatrix} + \begin{vmatrix} c & d \\ g & h \end{vmatrix} \cdot \begin{vmatrix} a & b \\ e & f \end{vmatrix}$$

$$= 2 \left(\begin{vmatrix} a & b \\ e & f \end{vmatrix} \cdot \begin{vmatrix} c & d \\ g & h \end{vmatrix} - \begin{vmatrix} a & c \\ e & g \end{vmatrix} \cdot \begin{vmatrix} b & d \\ f & h \end{vmatrix} \right.$$

$$\left. + \begin{vmatrix} a & d \\ e & h \end{vmatrix} \cdot \begin{vmatrix} b & c \\ f & g \end{vmatrix} \right) 。$$

很明显，等式的左边一定等于零（这里涉及四阶行列式的知识：四阶行列式中若有两行完全相同，则值必为零）。于是，谜题终于被揭破了。

不雨亦美的小巷

　　古城扬州多小巷。这是江苏省一大人文景观，也是极其重要的风景旅游资源。据说扬州将开辟"小巷一日游"，想必将来一定会吸引海内外众多游客。

　　小巷的名字也是千奇百怪，如狗肉巷、螃蟹巷、金鱼巷、黑婆婆巷……似乎每一条巷子里，都埋藏着一个鲜为人知的故事。

　　漫步在小巷里，我不禁联想到"雨巷诗人"戴望舒的名句：

　　　　像梦中飘过

　　　　一枝丁香地，

　　　　我身旁飘过这女郎；

　　　　她静默地远了，远了，

到了颓圮的篱墙，

走尽这雨巷。

戴先生笔下的雨巷，想来一定是长而窄、曲而幽的；但也不会是那种"一人巷"。因为人们说："一人巷，一人巷，一人走路一人让。"丁香姑娘从他的身边"飘过"，他可不曾避让啊！

于是，我不由自主地想到了巷子的宽度问题。旧时，为了防盗、防火的需要，在两边都是高墙的风火巷里，常有梯子、铜锣、绳索等必要装备。有人竟由此萌发了非凡的想象力，编出这样一道数学题来：

梯子的长度为 a，梯脚落在巷中的 M 点。当梯子的顶端放到右边墙上 N 点时，距地面的高度是 h，梯子的倾斜角正好是 $45°$；当梯子顶端放到左边墙上的 P 点时，距地面的高度为 3 米，此时梯子的倾斜角是 $75°$。求小巷的

宽度。

我们先用几何方法试试看。如

图 4-8，首先连接 NP 与 BP。

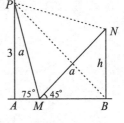

图 4-8

∵　$\angle PMN = 180° - 75° - 45° = 60°$，$PM = MN$，

∴　$\triangle MNP$ 是等边三角形，$PM = PN$。

∵　$\triangle BMN$ 是等腰直角三角形，

∴　$BM = BN$；

∴　$\triangle BPM$ 与 $\triangle BPN$ 是全等三角形，$\angle PBM = \angle PBN = 45°$；

∴　$\triangle APB$ 也是一个等腰直角三角形，$AB = AP = 3$（米）。

上述解法很简单，稍微学过一点平面几何的人都懂；但推理过程略嫌冗长，而且要添两条辅助线。

改用三角解法，则可看出 $AM = a\cos 75°$，$BM = a\cos 45°$。使用计算器，很容易求出小巷的宽度 AB；但由于各种型号的计算器内部电子线路有所差异，求出来的答数有的是 2.99…米，有的是 3.01…米，使人感到美中不足。

221

我们注意到，75°角也是一种特殊角，利用两角和或差的三角公式，不难求得

$$\sin 75° = \frac{1}{4}(\sqrt{6} + \sqrt{2})\,,$$

$$\sin 15° = \cos 75° = \frac{1}{4}(\sqrt{6} - \sqrt{2})\,。$$

把它们代进去，那就"天衣无缝"、一点误差也没有了——由此可以看出根式计算的优越性。

如果改用三角中的和差化积公式，那就更加简洁。

$$AB = AM + MB = a(\cos 75° + \cos 45°)$$

$$= a \cdot 2\cos \frac{120°}{2}\cos \frac{30°}{2}$$

$$= a \cdot 2\cos 60°\cos 15°$$

$$= a \cdot 2 \cdot \left(\frac{1}{2}\right)\cos 15°$$

$$= a\cos 15°$$

$$= 3\,。$$

地图着色游戏

一百多年前，英国人古斯里发现，任何地图用4种颜色着色就已经足够了；1840年，德国数学家墨比乌斯也提出过这个猜想：但他们都未能证明。1878年，英国数学家凯莱在伦敦数学会的会刊上写了一篇专题文章，从而吸引了大批数学家来钻研这个问题。1879年，肯普发表了一篇论文，声称问题已经解决；不料后来却被指出证明中存在错误，于是问题依然悬而未决。

1976年发生了一件轰动数学界的大事，美国数学家哈肯和阿佩尔宣布：他们用电子计算机证明了四色猜想是成立的。于是，从1976年开始，"四色猜想"这个命题终于改成了"四色定理"。这两个字的改动，

耗费了多少学者的心血啊！

下面，我们来做一个给地图着色的游戏。

甲专门画区域（每个区域代表一个国家），乙专门给区域着色。两个国家如果有一条共同边界线，就不得使用同一种颜色。每次着色完成后，甲再在原来地图的基础上，添画一个新的国家。为了把乙难倒，无论什么稀奇古怪的形状都可以画，但所画的区域必须是一个连通的、整体的图形，不得分裂为几个孤立的子块。

游戏的输赢规则很简单：如果甲画出来的任何地图，乙都可以用4种颜色来完成着色，那么甲就输了；反之，如果4种颜色不够用，那么乙就输了。

为了便于大家理解，下面给出一个实际的对局。

图 4-9 中的阿拉伯数字 1，2，3，4，…是甲先后画出来的区域。我们可以看到，乙的应对方针不但非常巧妙，而且"惜色如金"，轻易不动用新的颜色。从第 1 步到第 11 步，乙的着色方法无懈可击。

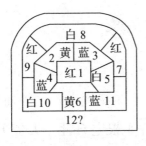

图 4-9   图 4-10

然而，当甲画出第 12 个区域时，乙顿时目瞪口呆！此时，他不得不用红、黄、蓝、白之外的第 5 种颜色来区别区域，于是乙输了。

乙的失败是不是意味着"四色定理"错了呢？这不是找出来一个"反例"吗？

大家不要忙着下结论，请看一下图 4-10，这样，4 种颜色不就够用了吗？

梵　　塔

传说在天竺国贝拿勒斯（今印度境内）的神庙里，安放着一块黄铜板，板上插着 3 根宝石针。大梵天王创造世界时，在其中一根针上套了 64 块金片。这些金片按从大到小的顺序叠放在一起，最大的一片放在最底下，以便取出或套进宝石针。这就是"梵塔"。

不论白天黑夜，都有一个值班僧侣把这些金片在 3 根针上移来移去。规定每次只能移动一片，而且只能将小片压在大片上，不准颠倒。当 64 块金片都移到另一根针上、串成另一个梵塔时，世界就会在一声霹雳中毁灭。这就是印度教中流传的"世界末日"的故事。

数学家计算了一下，按上面的法则移出新的梵塔，一共要移 18，446，744，073，709，551，615 次。如

果移动一次需要一秒钟，那移出新梵塔就要花 5845 亿年的时间；而按天文学家推算，太阳系的寿命至多不超过 150 亿年。用句玩笑话说，根本等不到那一天，太阳系早就毁灭了。

不过，这个"移金片"倒是一个很好玩儿的智力游戏。下面，我们用木板、铁丝和厚纸片分别代替黄铜板、宝石针与金片，来玩这个游戏。圆片也要一个比一个大，不用做 64 个，只需十来片就足够玩儿的了。

容易看出，塔上只有 1 片时，移动 1 次就行；塔上有 2 片时，移动 3 次也已足够。以上两种情况，所需移动次数分别为 2^1-1 与 2^2-1。

塔上有 3 个圆片时需要 7 步，即 2^3-1 步，具体移

227

法见下图。

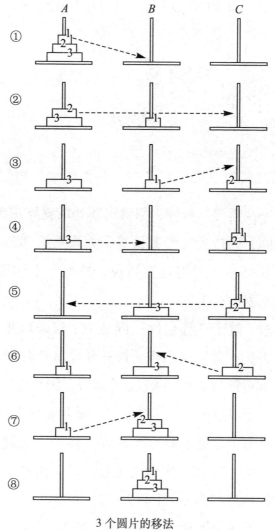

3个圆片的移法

有4个圆片时移动规律是：前面7步重复3个圆片的移法，第8步把最大的一片转移到空铁丝上，接下来的7步又重复3个圆片的移法，所以一共需要15步，即 2^4-1 步。这种办法就是数学上经常遇到的递归法。总之，当圆片数为 n 时，移动次数应等于 2^n-1。

不久以前，这个问题获得了意外的进展。有位美国学者发现了一种出人意料的方法，只要轮流进行两步操作就可以了。为了说明起见，我们把3根铁丝排成"品"字形，从上往下看，梵塔的模样如图4-11所示。先在铁丝 A 上按从大到小的顺序，放好5块圆片。然后，反复进行下面两步操作：

（1）按顺时针方向把圆片1从现在的铁丝移到下

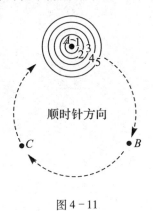

图4-11

一根铁丝，即若圆片 1 在铁丝 A 则把它移至 B，在铁丝 B 则移至 C，在铁丝 C 则移至 A。

（2）接着，移动另一可移动的圆片到新位置上。这一步没有明确规定移动哪个圆片，你可能以为会有多种可能性，其实不然，可实施的行为是唯一的。

只要你反复进行以上两步操作，就能按规定移出新梵塔。按新方法，塔上有 5 个圆片的移法为：$1B \rightarrow 2C \rightarrow 1C \rightarrow 3B \rightarrow 1A \rightarrow 2B \rightarrow 1B \rightarrow 4C \rightarrow 1C \rightarrow 2A \rightarrow 1A \rightarrow 3C \rightarrow 1B \rightarrow 2C \rightarrow 1C \rightarrow 5B \rightarrow 1A \rightarrow 2B \rightarrow 1B \rightarrow 3A \rightarrow 1C \rightarrow 2A \rightarrow 1A \rightarrow 4B \rightarrow 1B \rightarrow 2C \rightarrow 1C \rightarrow 3B \rightarrow 1A \rightarrow 2B \rightarrow 1B$，总共走了 $2^5 - 1 = 31$ 步。

出人意料的验证

"生日问题"是概率论中的名题。n 个人中，至少两人有相同生日的概率是多少？假设他们的生日是相互独立的事件，即每个人的生日都可是 365 天（不考虑闰年，故按一年等于 365 天计算）中的任一天。因为所有情况都是等可能的，故其总数为 365^n。接下来，我们该数一数，至少有两人有相同生日的情况是多少种。但这样数，工程未免太浩大了，不知数到猴年马月才能数完。在数学里，当一个问题从正面难以解决时，我们不妨从反面入手。考虑"至少两人有相同生日"的对立事件，即 n 个人的生日各不相同。显然，这种情况应有

$$P_{365}^n = 365 \times 364 \times \cdots \times (365 - n + 1)$$

种。因此"生日问题"中，所求的概率是

$$p(n) = 1 - \frac{P_{365}^n}{365^n}。$$

这一概率显然是 n 的函数。出人意料的是：当 $n \geqslant$ 23 时，$p(n)$ 居然大于 $\frac{1}{2}$。你们事先能猜到这一点吗？

概率论专家、美籍华人钟开莱先生，计算了 n 为各种数值时的 $p(n)$，请看下表：

n	$p(n)$	n	$p(n)$
5	0.03	35	0.81
10	0.12	40	0.89
15	0.25	45	0.94
20	0.41	50	0.97
25	0.57	55	0.99
30	0.71		

也可以这样考虑 n 个人有完全不同生日的概率：第一个人可以一年中的任何一天为其生日，因此概率为 1；第二个人可以一年中除一天外，其他任何一天为其生日，故概率为 $\dfrac{364}{365}$；第三个人可以一年中除两天外其他任一天为其生日，因此概率为 $\dfrac{363}{365}$……依此类推，故所求概率是

$$\frac{365}{365} \times \frac{364}{365} \times \frac{363}{365} \times \cdots \times \frac{365-n+1}{365}。$$

美国历史较短，从独立战争至今不过二百多年。有人异想天开，拿历任总统的生日验证这个结论。结果发现，在 39 位美国总统中，有两人的生日相同：詹姆斯·波尔克总统与沃伦·哈丁总统都生于 11 月 2 日。

233

"有生必有死"，有人又想到了死去的总统，连忙着手收集材料，发现事例更多：

约翰·亚当斯、詹姆斯·门罗、托马斯·杰斐逊3位总统都死于7月4日；米勒特·菲尔莫和威廉·塔夫脱两位总统都死于3月8日。

这种有趣的概率验证，是否也能移植到中国呢？从1911年辛亥革命到1949年解放，当过"总统"的先后有孙中山、袁世凯、黎元洪、徐世昌、冯国璋、曹锟、蒋介石和李宗仁（代理总统），人数未免太少。从上表可见，生日重合的概率连0.1都不到，自然是吻合不起来了。

既然如此，那查一查历代皇帝的生日和死期又会怎样呢？中国封建社会的历史极其漫长，大大小小的皇帝不计其数，应该找得出远比美国总统多得多的例子呀！但这件事说说简单，做起来并不容易。首先，中国的历法经常在变，而且它们与现行的公历差异甚大，套用上面的公式是没有道理的。其次，皇帝的生卒日期大多在正史上没有记录。由于宫廷政变、阴谋篡位等种种复杂原因，有时皇帝死了"秘不发丧"，后人搞不清楚他到底死于哪一天。所以，我们也无法用

234

中国皇帝的生卒日期，来验证这个有趣的概率结论了。

倒是《红楼梦》第62回"憨湘云醉眠芍药裀，呆香菱情解石榴裙"里记录着：宝玉生日已到，原来宝琴也是这日，二人相同。张道士、薛姨妈、王子胜等人都送了礼。后来才知道，平儿与邢岫烟的生日其实也在同一天。于是湘云就同他们开玩笑："你们四个人对拜寿，直拜一天才是。"探春笑道："倒有些意思。一年十二个月，月月有几个生日。人多了，就这样巧，也有三个一日的，两个一日的……过了灯节，就是大太太和宝姐姐，他们娘儿俩个遇的巧。"宝玉又在旁边补充，一面笑指袭人："二月十二是林姑娘的生日，她和林妹妹是一日，她所以记得。"

《红楼梦》虽是一部小说，但其中映衬着许多真人真事。大观园这个不大不小的群体，夫人、小姐、丫鬟、使女、姬妾，即使不算仆妇、老妈子，其人数也必然在百人之上，所以概率规律是肯定可以起作用的。